KB040781

판구조론

아름다운 지구를 보는 새로운 눈

판구조론

아름다운 지구를 보는 새로운 눈

김경렬 지음

생각의힘

머리말

지구는 단 하나밖에 없는(One and the only One) 우리들의 삶의 터전입니다. 하늘에서 보는 지구의 모습은 너무도 아름답습니다.

지구는 먼 옛날 지금부터 46억 년 전 탄생했습니다. 실은 46억 년 전 우리의 별 태양이 탄생하면서 그 주위에 여러 태양계의 식구들이 태어날 때 지구도 태양계 식구의 일원으로 함께 탄생한 것이지요. 그런데 태양계에서 지구만이 유일하게 생명을 잉태할 수 있었습니다. 그리고 지금 이런 아름다운 모습을 보이고 있지요. 여기에서 흥미로운 질문이 하나 떠오릅니다. "지구는 46억 년 전 태어날 때부터 이런 아름다운 모습을 가지고 있었던 것일까?"

이 질문에 대한 답을 찾으려면 지구의 과거 모습을 찾아갈 수 있는 과학적 방법을 가지고 있어야 합니다. 그러나 얼마 전까지도 지구과학자들은 이런 도구를 갖추고 있지 못했으며, 질문 자체가 거의 종교적 영역의 문제로 간주되었습니다.

그러나 1960년대 후반에 이르러 지구과학자들은 지구의 과거를 살필 수 있는 강력한 도구를 갖게 되었습니다. 바로 '판구조론'이라는 이론입니다. 판구조론은 지구상의 어느 곳에서 지진이 나면 해설 기사에 의례 등장하곤 하여 현대인에게는 매우 익숙한 이름이지요. 6,400킬로미터 정도의 반지름을 가진 지구의 표면 약 100킬로미터 정도가 약 10여 개의 조각(판)으로 나뉘어져 서로 계속 움직이고 있다는 간단한 이론입니다.

이렇게 단순해 보이는 판구조론의 등장은 지구를 살피는 우리들의 눈을 완전히 변화시켜준 혁명적 사건이었습니다. 이 이론이 구체적으로 확립된 것은 최근이라고 할 수 있는 불과 50여 년 전의 일입니다. 하지만 이 이론도 살펴보면 14세기부터 시작된 '대양 탐험의 시대(The Age of Ocean Exploration)'를 거치면서 얻어진 자료들에서부터 기원을 찾을 수 있습니다. 미지의 바다를 항해하고 돌아온 탐험가들이 전해준 새로운 지리 정보는 즉시 세계 지도의 제작에 반영되었습니다. 그런데 서양 사람들이 보는 대서양을 중심에 둔 세계 지도에서 유럽과 아프리카 서쪽 해안선과 대서양을 사이에 두고 떨어져 있는 북미와 남미 대륙의 동쪽 해안선이 너무 비슷한 모습을 하고 있었던 것입니다.

'이들이 혹시 언젠가 한데 붙어 있었던 것은 아니었을까?' 판구조론은 실은 500여 년 이상 오래된 이런 소박한, 그러나 의미심장한 질문에서 시작되었습니다. 그리고 19세기에 이르러 발전하기 시작한 지층 구조 및 화석의 이해, 훔볼트(Alexander von Humboldt, 1769~1859)가 발전시킨 생물지리학, 20세기 들어 꽃피기 시작한 지구물리학, 그리고 바다의 탐사 등 실로 다양한 학문 분야의 연구 성과들이 함께 모아지면서 마침내 1960년대에 이르러 판구조론의 진수가 드러나게 됩니다. 그 내용이 너무 혁명적이었기에, 처음에는 이를 받아들이는 과정에서 엄청난 저항이 있었습니다. 이런 저항을 조심스럽게 그렇지만 과감히 극복하려던 여러 과학자들의 노력이 있었음은 물론이며, 너무 시간에 앞서 가다가 좌절 속에서 세상을 떠나야 했던 분들도 있었습니다. 그리고 판구조론의 발전에는 지구 속을 뚫고 들어갈 수 있는 특수 시추선, 사람이 직접 타고 내려가 바다 속 깊이 감추어진 비밀을 열어내는 심해 잠수정과 같은 첨단 장비들도 큰 몫을 담당하였습니다. 이 책의 가장 중요한 목적은 판구조론이 어떤 과정을 거쳐 오늘날 우리에게까지 오게 되었는지, 그리고 이렇게 성립된 판구조론이 지구를 보는 우리들의 눈을 어떻게 변화시켰는지를 살피려는 것입니다.

판구조론이 이야기해 주는 가장 중요한 결론은 지구의 모습이 지구 역사를 통해 시간에 따라 끊임없이 변화해 왔다는 것입니다. 우리들은 판구조론을 통해서 지구가 오늘날과 같은 아름다운 모습을 갖춘 것이 46억 년 지구 역사로 보면 아주 최근에 와서의 일임을 알게 되었습니다. 지구가 끊임없이 그 모습을 바꾸어 오다가 가장 아름다운 오늘의 모습을 갖추게 되었을 때, 바로 그 때에 인류가 문명을 꽃피우며 지구에서 살아가고 있는 것입니다. 우리들이 더 열심히 살아야 하며, 이 아름다운 지구를 더욱 소중히 가꾸어야 할 책임을 느껴야 하는 중요한 이유입니다.

이 글을 쓰기 시작한 것은 벌써 꽤 오래전입니다. 그동안 직장이나 사회에서 일일이 열거할 수 없는 많은 분들의 도움을 받았습니다. 몇 분들에게는 특별한 고마움을 전해야 할 것 같습니다. 우선 해양학으로 방향을 이끌어 주셨던 서울대학교 최규원 교수님, 1970년대 판구조론이 본격적으로 무르익어 가던 시기에 그 흥분의 열기가 가득하던 현장에서 공부할 수 있도록 이끌어 주셨던 크레익(Harmon Craig, 1926~2003) 교수님, 지금은 고인이 되신 이 두 분 스승님께 깊은 감사의 마음을 올려야 할 것 같습니다. 서울대학교에서 지구환경과학부를 처음으로 이끌어 가시며 종래의 전통적 학문 분야를 넘어 지구시스템을 생각할 수 있도록 격려해 주셨던 김구 교수님, 다학제 학문의 중요성을 몸소 글로 보이시며 많은 이끌음을 주셨던 김희준 교수님께도 깊은 감사의 마음을 전합니다. 또한 글을 만들어 가는 동안 서울대학교 지구환경과학부 박창업 교수님, 조문섭 교수님, 허영숙 교수님 그리고 김영희 교수님께서 저의 학문적으로 부족한 부분을 많이 메워 주셨습니다. 그리고 예와 마찬가지로 원고를 처음부터 끝까지 꼼꼼히 읽어 주신 서울대학교 사범대학 수학과 정상권 교수님께 감사의 마음을 전합니다.

서울대학교 정년 후에도 계속 함께 생활하며 지원을 아끼지 않는 지구환경실험실 식구들, EAST-I 및 해양연구소의 모든 연구 가족들, 그리고 새로운 보금자리를 허락해 준 광주과학기술원 김영준 총장님 이하 여러 분들에게도 깊은 감사의 마음을 전합니다. 언제나 열심히 생활할 수 있도록 격려와 힘이 되어 주는 처 은영, 주일, 성일, 은옥, 그리고 한 가족 같은 애정으로 분에 넘치는 사랑과 격려를 아끼지 않으시는 한욱 박사

님, 이수광 자연보호연맹 총재님, 그리고 동학 노정혜 교수님께 특별한 감사의 마음을 드립니다.

이 책은 '생각의힘'의 열성적 지원이 아니면 탄생할 수 없었던 책입니다. 출판이라는 어려운 결정과 함께 책이 잘 나올 수 있도록 많은 수고를 아끼지 않으신 생각의힘 출판사의 모든 분들에게 깊은 감사의 뜻을 전합니다.

이 작은 책을 통하여 우리들의 유일한 삶의 터전인 지구를 더욱 사랑하고 아끼는 많은 분들을 만날 수 있는 계기가 되기를 기대하며.

2015년 1월 광주에서

저자 김경렬

차례

머리말 … 4

1. 아름다운 지구 … 13
2. 움직이는 대륙 … 29
3. 밀도가 알려 준 지구 내부 … 39
4. 지진학이 확인한 지구 내부 … 55
5. 확장되는 해저 … 69
6. 지구물리학자들이 찍어 준 마지막 도장 … 87
7. 해저 온천: 심해저의 오아시스 … 99
8. 새로운 눈으로 지구 보기 … 117
9. 소금광산의 비밀 … 141
10. 끊임없이 모습을 바꿔 온 아름다운 지구 … 157

추천 도서 … 177

찾아보기 … 179

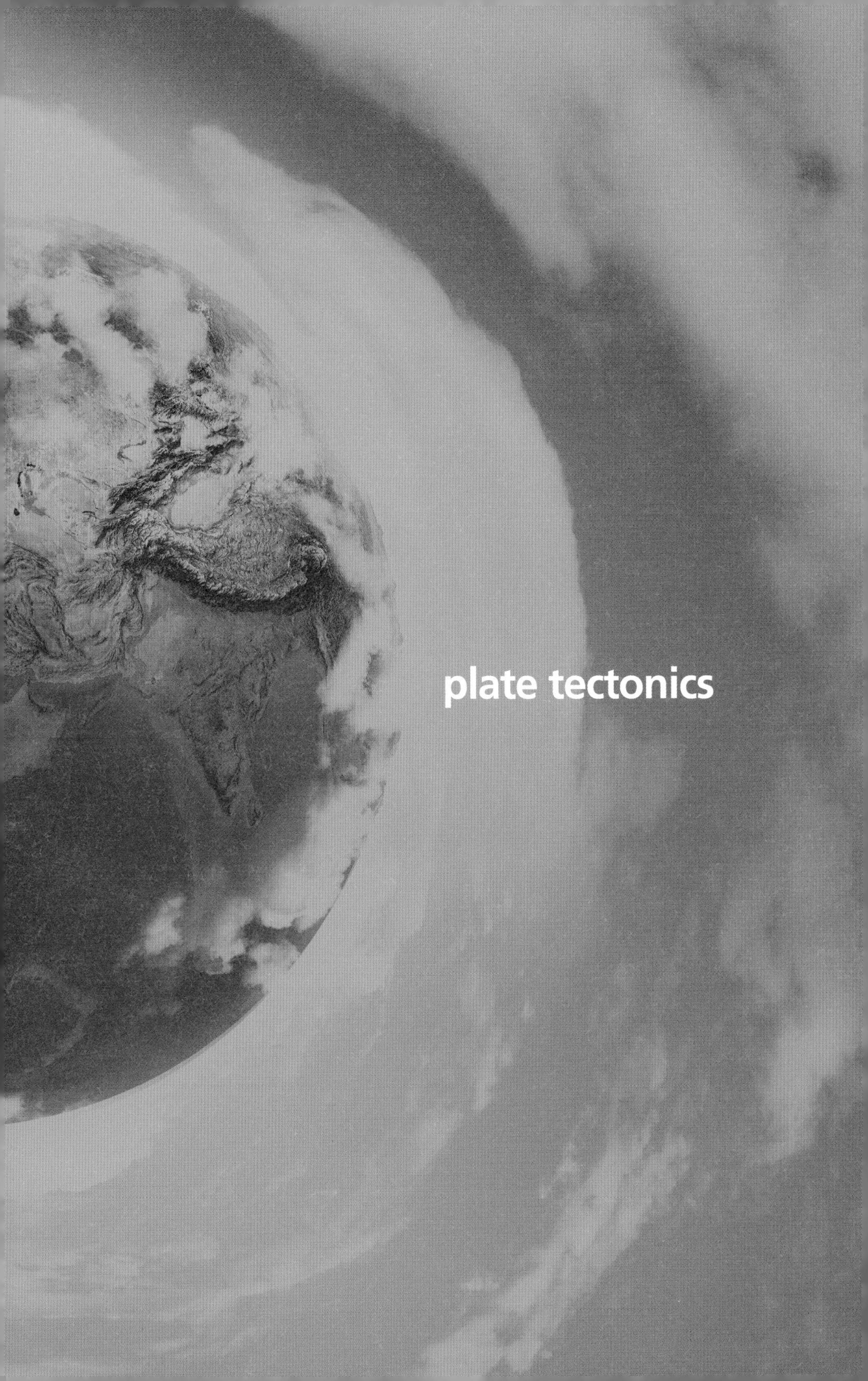

plate tectonics

1. 아름다운 지구

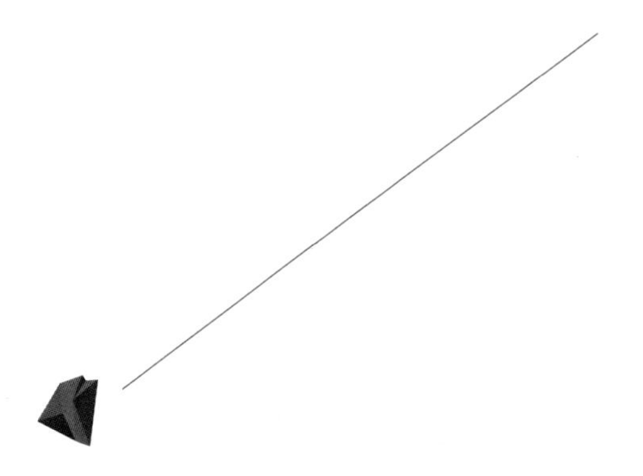

오늘날 하늘에서 보는 지구의 모습은 너무나 아름답다. 우주에서 지구를 볼 수 있는 특권은 옛 선조들은 상상조차 할 수 없었던 오늘날을 사는 우리들만의 것이다. 이렇게 아름다운 우리 행성 지구는 지금부터 46억 년 전 태양계의 한 식구로 태어났다.

여기에서 지구에 관한 몇 가지 큰 질문들이 떠오른다. 가장 중요한 질문은 같은 시기에 같은 재료에서 출발하여 만들어졌을 태양계의 여러 행성들 중에서 어떻게 지구만이 유일한 생명의 행성이 되었을까 하는 것이다. 과학자들은 이 질문에 대하여 지구가 가진 두 가지 중요한 특징에서 그 답의 실마리를 찾고 있다. 바로 지구가 적절한 크기를 가지고 있으며, 이에 더하여 우리들이 살아가는 데 필요한 에너지의 원천인 태

바다와 육지가 서로 적절하게 배치되어 있는 우주에서 바라본 아름다운 지구의 모습

양에서 적절한 거리에 위치하고 있다는 것이다.

지구는 적절한 크기를 가지고 있기 때문에 그 속에서 우리가 숨을 쉬며 마음껏 살아갈 수 있는 알맞은 대기가 지구를 둘러싸게 되었으며, 또한 46억 년이 지나서도 화성처럼(달 또한 마찬가지이지만) 단단히 굳어버리지 않고 아직도 내부에 충분한 에너지를 가진 동적인 행성으로 남게 되었다. 이런 동적인 지구가 만들어 내는 아주 중요한 결과의 하나는 지구 깊숙이에 아직 액체 상태의 외핵이 있어 지구 자기장을 만들어 내는 것이다. 이 지구 자기장은 지상에 살고 있는 생명들에게 유해하고 강력한 태양풍을 막아 주는 방패막이 역할을 하며, 지구 생명의 수호자 역할을 하고 있다. 태양풍은 다행히도 일부 극지방에서만 지구에 접근할

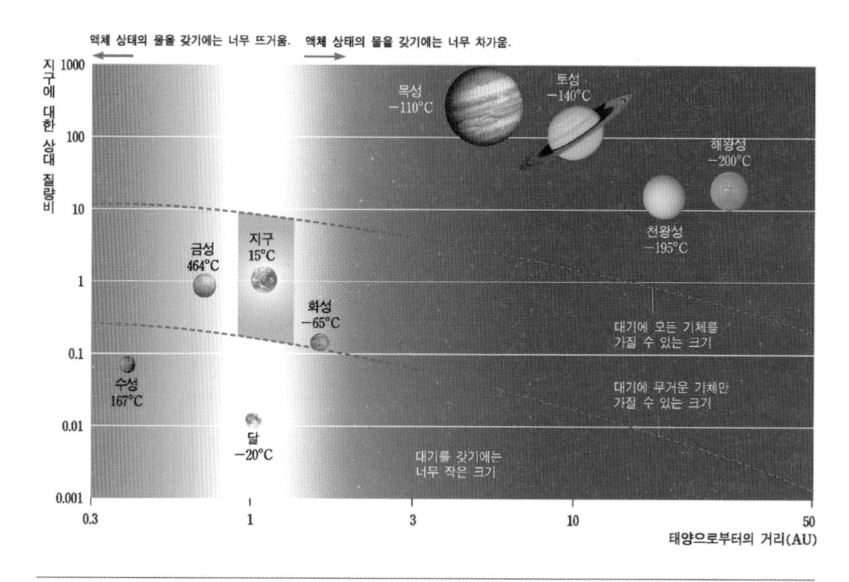

태양계 내의 여러 행성들이 태양으로부터의 거리와 크기에 따라 다양한 모습으로 분포되어 있는 모습을 보여 주는 도표. 과학자들은 대개 녹색으로 표시된 구간 내의 행성이 생명의 행성이 될 수 있는 조건을 갖춘 것으로 생각한다. 이 도표는 지구만이 바로 그 구간 내에 위치한 유일한 행성임을 보여 주고 있다.

수 있다. 이 태양풍이 지구의 대기와 만나면서 만들어 내는 것이 바로 오로라이다. 오로라는 지구가 고마운 지구 자기장 덕분에 안심하고 살 수 있는 행성이 되었음을 보여 주는 중요한 상징물이라고 할 수 있다.

또한 지구는 태양으로부터 알맞은 거리에 떨어져 있었기 때문에 적절한 대기를 갖추게 되었고, 우리들이 살아가는 데 절대적으로 필요한 따뜻한 행성, 즉 물의 행성이 되었다. 이렇게 천혜의 조건을 갖춘 행성 지구는 자연스럽게 생명의 요람이 될 수 있었다.

여기에서 또 하나의 흥미로운 질문이 떠오른다. 지구는 46억 년의 시간 중 얼마나 오랫동안이나 지금의 아름다운 모습을 하고 있었을까? 지

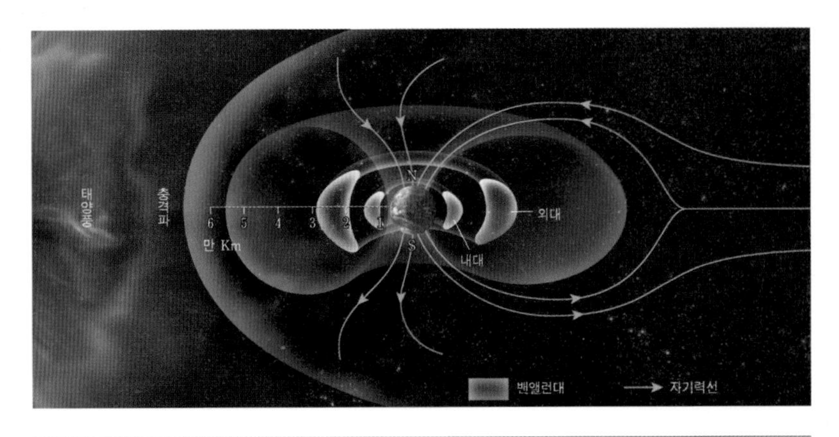

지구 자기장이 강력한 에너지를 가진 태양풍과 만나면서 만들어 내는 지구 자기의 모습. 강력한 자기장의 방패막이 역할 덕분에 태양풍은 극지방을 통해서만 일부 지구에 도달할 수 있음을 보여 준다.

구는 당초 이런 모습으로 태어난 것일까? 아니면 언제부터 이런 모습을 갖게 된 것일까?

이런 질문에 대하여 과학적 답을 할 수 있기 위해서는 옛 시절 지구가 가지고 있던 모습을 알아낼 수 있는 방법이 필요하다. 지금부터 50여 년 전까지만 해도 지구과학자들이 이러한 도구를 가지고 있지 못하였기 때문에, 이 질문에 대한 답은 종교의 영역에서 찾을 수밖에 없었다. 하지만 오늘날 지구과학자들은 이 질문에 대하여 과학적으로 답할 수 있는 중요한 도구를 가지고 있다. 1960년대 후반부터 지구과학자들이 마치 개종하듯이 열광적으로 받아들인 '판구조론(plate tectonics)'이 바로 그것이다. 판구조론 역시 동적 지구가 만들어 낸 또 하나의 멋진 걸작이다.

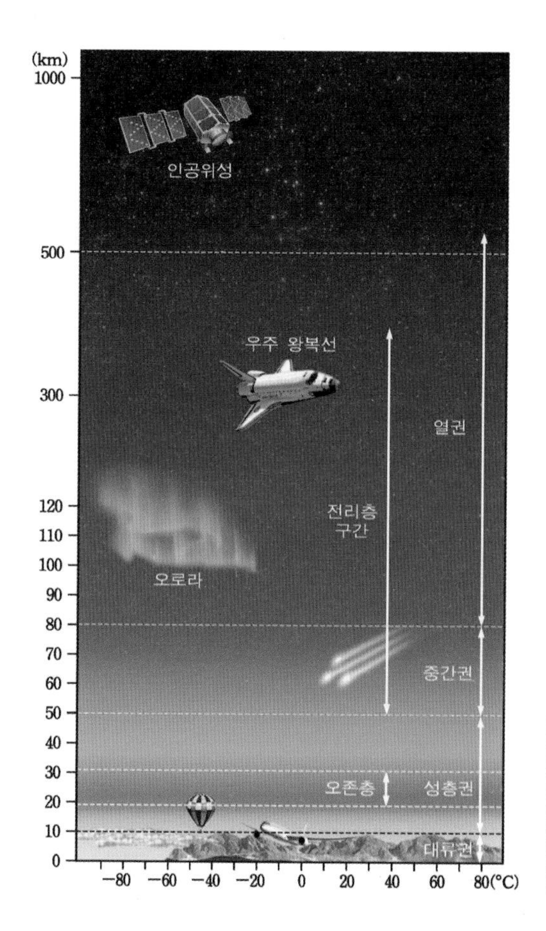

지구를 둘러싸고 있는 대기의 모습. 100킬로미터 상공에서 만들어지는 오로라는 바로 강력한 에너지를 가진 태양풍이 지구 대기 속으로 들어오면서 공기와 만나 반응하면서 만들어내는 현상이다.

판구조론

판구조론은 '암석권이라고 불리는 100킬로미터 정도 두께의 지구 표층이 10여 개의 조각(판, plate)으로 나뉘어져 있으며, 이 판들이 끊임없이 서로 움직이고 있다.'라고 하는 이론이다.(오늘날에는 작은 판까지 정밀하게 분류하여 약 50여 개의 판으로 구분할 수 있다.) 반지름

6,370킬로미터의 지구로 보면 판의 두께는 아주 얇은 껍질 정도이지만, 사람의 관점으로는 엄청나게 두꺼운 것임에 틀림없다. 판의 경계를 따라 양쪽의 판이 일 년에 수 센티미터씩 서로 미끄러지며 움직이게 하는 엄청난 힘이 지구 내부에 존재하지만, 100킬로미터 두께에 미치는 마찰을 생각해 볼 때 판의 움직임이 수월하지는 않을 것이 분명하다. 마찰로 인해 한동안 움직이지 못하던 판이 밀려오는 힘을 더 이상 버티지 못하게 되면 그동안 누적된 스트레스를 한순간 풀며 수 미터씩 미끄러지게 된다. 이것이 지표면에 사는 우리들에게는 엄청난 파괴력을 지닌 지진으로 나타난다. 세계 각지에서 엄청난 피해를 동반하며 지진이 일어났다는 뉴스가 전해질 때마다 판구조론이 해설 기사 속에 등장하는 이유도 이 때문이다.

그런데 판들의 경계가 위치하는 곳을 자세히 살펴보면 이들은 대부분

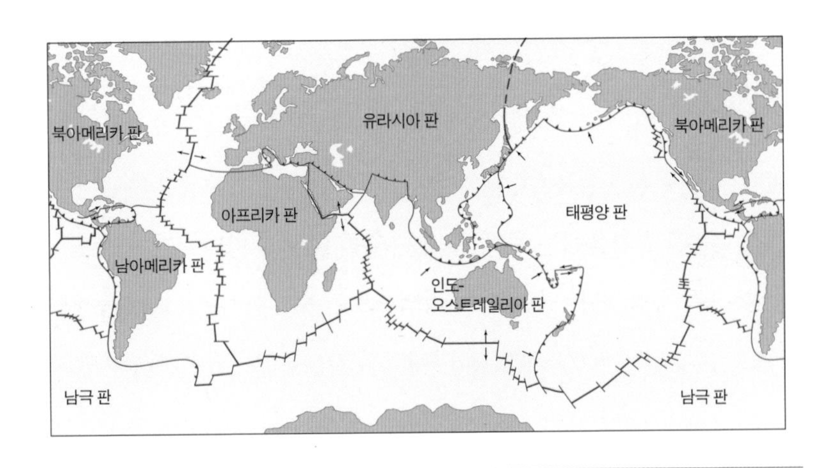

10여 개의 판과 이들의 경계를 보여 주는 지도

바닷속에 자리를 잡고 있다. 이들 경계는 대서양의 중앙을 가로지르며, 인도양을 동서로 가로지르고, 태평양에서는 육지에 가깝게 위치를 하고 있기는 하지만 바다 쪽에서 거의 태평양을 감싸고 있는 것 같은 모습을 가지고 있다.

과학자들은 어떤 방법으로 바다 밑에 깊이 감추어져 있는 이런 곳이 판의 경계라는 것을 알 수 있게 되었을까? 여기에는 1960년대에 이르러 지구에 대해서 알게 된 중요한 두 가지 사실이 큰 역할을 하였다. 하나는 바닷속 깊이 감추어져 있던 해저의 모습을 알게 된 것이고, 또 하나는 바로 전 세계적으로 지진이 일어나는 곳을 알게 된 것이다.

바다 밑에 감추어진 해저의 모습

지표면의 70% 이상을 차지하는 바다는 19세기 후반까지도 알려진 것이 거의 없는 상상의 영역이었다. 예전부터 바닷물을 모두 증발시키면 해저는 과연 어떤 모습일지에 대한 궁금증이 있었는데, 이를 풀어줄 유일한 방법은 바다 곳곳의 수심을 재는 것이었다. 이를 위해 처음에는 줄에 무거운 추를 매달고 바닥에까지 줄을 내려 그 길이를 측정했다. 당연히 이 방법으로는 수심이 얕은 곳만 측정할 수 있었다. 19세기 후반에는 강하면서도 가는 피아노 줄을 이용하여 깊은 수심을 측정하는 측심용 연구선이 만들어지기도 하였다. 당시 대서양을 가로지르며 유럽과 미국을 잇는 해저통신망은 엄청난 상업적 가치를 가지고 있었는데, 이를 설치하기 위해서는 수심 자료가 절대로 필요하였기 때문이다. 그러나 그 자료가 제한되어 있었음은 물론이다.

이후 1912년 타이타닉 호 침몰 사건을 계기로 음파를 이용하여 배 주변의 물체를 탐지하는 소나(SONAR, SOund Navigation And Ranging)가 탄생하였고, 이어 음파를 수심 측정에 이용하는 정밀측심기록계(PDR, Precision Depth Recorder)가 개발되어 활용되기 시작하면서 해저에 대한 정보가 눈에 띄게 늘어났다. 정밀측심기록계는 항해 중인 배에서 해저로 음파를 주기적으로 내보낸 후 이들이 해저에 도달했다 반사되어 배까지 돌아오는 데 걸리는 시간을 연속적으로 측정하는 장치이다. 이때 걸리는 시간은 수심에 비례하므로, 이 기록은 항로상에 있는 해저 단면의 모습을 연속적으로 나타내게 된다. 이로써 수심 측정의 획기적인 혁신이 이루어지게 되었다.

1960년대에 이르러 이러한 장비를 응용한 해저 탐사를 통해 서서히 전 지구적 해저 지형도가 만들어지기 시작하였다. 이로써 해저가 평평할 것이라고 예상하였던 종래의 생각과는 판이하게 해저가 오히려 육지보다 더 복잡한 모습을 띠고 있다는 것을 알게 되었다. 특히 대서양 중앙에서 남북을 가로지르는 해저 산맥이 남극 주변을 돌아 인도양과 태평양에 이르기까지 길게 연결되어 있는 모습은 인상적이었다. 태평양의 해저는 그 모습이 더욱 복잡하여 칠레의 대륙 주변에는 깊은 해구가 발달되어 있으며, 서태평양에도 마리아나 해구와 같이 남북으로 형성된 깊은 해구와 주변의 해저 산맥, 그리고 많은 해저의 산들이 있다. 왜 해저는 이런 복잡한 모습을 하고 있을까? 이런 의문에 궁극적인 답을 줄

1960년대에 이르러 완성된 바다 밑 해저의 지형도. 줄을 이어 만들어져 있는 산맥과 깊은 해구들이 보인다. (출처: Bruce C. Heezen and Marie Tharp)

수 있는 지구 정보가 얼마 지나지 않아 지구물리학자들에 의해 얻어지게 된다.

지진은 아무데서나 일어나지 않는다

1960년대에 이르러 전지구표준지진관측망(WWSSN, Worldwide Standardized Seismograph Network)이라고 불리는 대규모의 지진 관측망이 전 지구적으로 가동되기 시작하면서 지구물리학자들은 세계 어느 곳에서 지진이 일어나고 있는지 알게 되었다. 그리고 이들 자료를 토대로 하여 정확한 지진 분포도가 만들어질 수 있게 되었다. 그런데 이 지진 분포도는 지진이 아무 곳에서나 무질서하게 일어나지 않는다는 것을 분명히 보여 주었다. 지진은 대부분 바닷속 깊은 곳에서 일어나며, 이들 지진이 일어나는 곳이 전 지구적으로 어떤 선을 따라 연결되어 있는 것이었다.

지구과학자들을 더욱 놀라게 한 것은 지구물리학자들이 얻은 지진의 분포도와 해양학자들이 얻은 해저 지형도가 비슷한 모습을 가지고 있다는 사실이었다. 결코 우연이라고 할 수 없는 어떤 깊은 연계성이 있는 것 같았다. 지진이 일어나고 있는 곳이 바로 '바다 밑 해저 산맥이나 깊은 해구에 해당하는 지역'이었던 것이다.

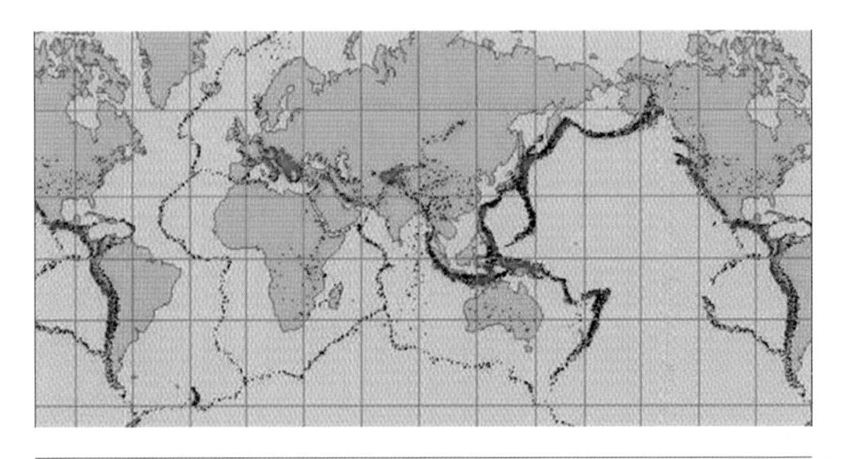

1960년대에 이르러 만들어지기 시작한 전 지구적 지진 분포도. 대부분의 지진이 선을 따라 바다에서 일어나고 있음을 보여 주고 있다.

연약권이 있다

여기에 또 하나의 결정적인 증거가 더해진다. 바로 전지구표준지진관측망을 통하여 얻은 많은 지진 자료들을 분석하면서 만들어진 지구 내부의 구조에 관한 새로운 증거였다. 지진이 만들어 내는 지진파가 지각·맨틀 및 핵 등의 지구 내부의 층 구조에서 전파되는 모습을 자세히 관찰하던 지구물리학자들은 매우 단단한 구조를 가지고 있는, 즉 지각과 그 아래의 최상부 맨틀을 포함하는 약 100킬로미터 깊이의 암석권(lithosphere) 아래로 내려가면 연약권(asthenosphere)이라고

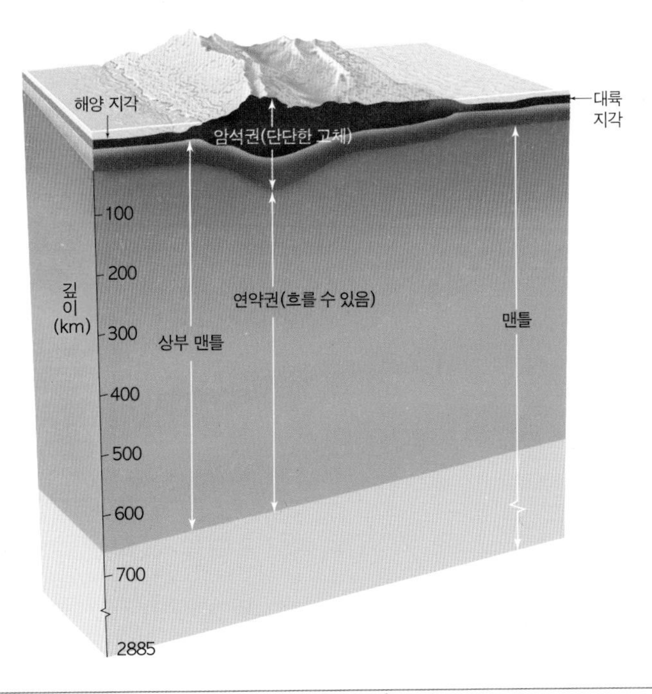

지구 내부의 구조. 약 100킬로미터 깊이의 암석권 아래에 고체이지만 유체처럼 움직일 수 있는 연약권이 있다.

불리는 층이 있다는 것을 알게 되었다. 연약권은 이름에서 짐작할 수 있듯이 '고체이지만 힘을 받으면 점성이 있는 유체처럼 서서히 움직일 수 있는' 층을 가리킨다.

유레카:
판구조론의 탄생

지구에 대한 일련의 새로운 사실들이 알려지면서 지구과학자들은 마침내 '유레카'를 환호하였다. 마침내 "지각과 상부 맨틀의 일부를 포함하는 '암석권'이라고 이름 붙여진 100여 킬로미터 두께의 지구 표면이 여러 조각으로 나뉘어져 서로 움직이고 있다."라는 '판구조론'이 탄생하게 된 것이다.

오늘날 우리의 위치를 족집게처럼 알려주는 GPS는 이런 판의 움직임을 보여 주는 첨단 과학 장비로서 훌륭한 역할을 수행하고 있다. 중국과 일본 전역에 설치된 수백 개의 표지판(GPS marker)들이 움직이는 모습을 보면 지구의 지붕 역할을 하는 티베트 근처와 일본의 동쪽이 1년에 10센티미터 이상씩 움직이고 있음을 알 수 있다. 이 두 나라 사이에 위치하고 있는 우리나라는 충분한 완충지대 너머에 있어 움직임이 비교적 적은 덕분에 지진 걱정을 크게 하지 않아도 되는 것이다.

거대한 판들의 경계의 한편에서는 용융 상태의 지구 내부 물질들이 올라와 식으면서 거대한 해저 산맥이 만들어지며, 다른 한편에서는 이런 물질들이 다시 지구 속으로 가라앉으면서 해구라는 거대한 주름이 잡힌

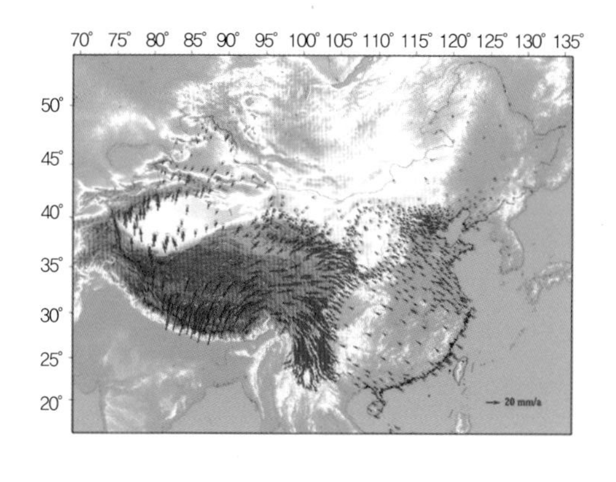

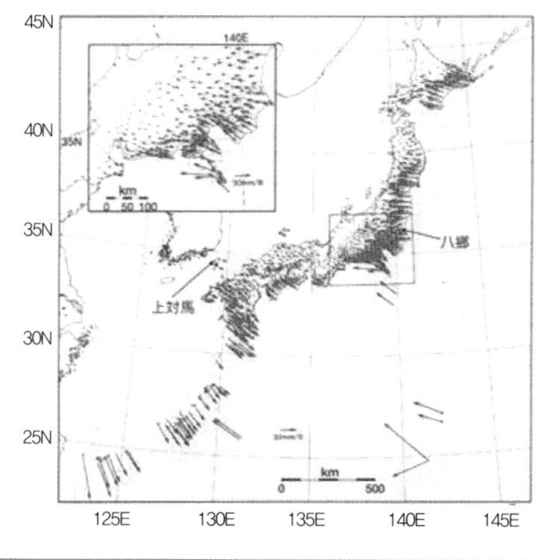

중국과 일본에 설치되어 있는 GPS 표지판의 이동 과정을 추적하여 이해할 수 있게 된 판의 운동 모습 (출처: Dr. Shan/ 중국지진국, 일본국토지리원)

다. 이런 일들이 일어나는 경계에서는 엄청난 마찰력으로 인해 지진이 일어날 수밖에 없다. 그리고 대륙이나 바다(해양 지각)는 단지 이렇게 움직이는 거대한 뗏목(판)에 얹혀 함께 움직이는 뗏목의 손님일 뿐이다. 우리들이 발을 딛고 있는 탄탄하다고 느끼는 육지도 마치 뗏목을 타고 떠

프랑스의 낭만주의 화가 테오도르 제리코(Théodore Gericault, 1791~1824)가 당시 프랑스의 군함 메두사 호가 난파하면서 생존자들이 뗏목을 타고 표류하던 사건을 소재로 그린 '메두사 호의 뗏목(1818~1819, 루브르 박물관)'. 판구조론을 통하여 우리는 대륙이나 바다도 실은 판이라는 거대한 뗏목 위에 떠서 판의 움직임에 따라 함께 이동하고 있다는 것을 알게 되었다.

내려가는 사람들처럼 끊임없이 운동하는 판 위에 얹혀서 움직이고 있는 것이다.

1960년대 후반 이렇게 탄생한 판구조론은 만들어진 지 46억 년이 지난 지구에 대해 제기된 많은 질문들에 답을 제시하며 지구를 보는 우리들의 눈을 완전히 새로 바꾸어 놓은 혁명적인 이론이었다. 이제 판구조론이 아름다운 지구에 대한 우리들의 생각을 어떻게 새로이 바꾸어 놓았는지 하나하나 살펴보려고 한다. 판구조론이 탄생하게 된 배경과 역사를 따라가 보는 것으로 아름다운 지구 여행을 시작해 보자.

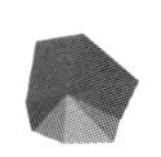

2. 움직이는 대륙

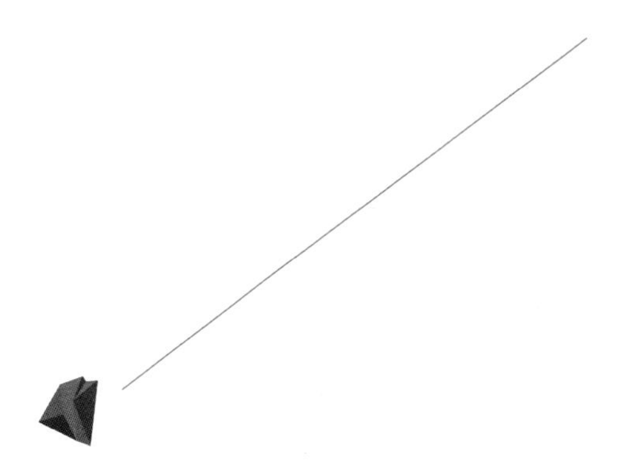

판구조론이 확립된 것은 1960년대 후반의 일이다. 그렇지만 이 이론도 그 근원을 살펴보면 과거의 지구 모습이 지금과는 달랐던 것 같다는 소박한 의문에서 시작되었다. 지금으로부터 500여 년 전인 '탐험의 시대'로 거슬러 올라가 보자.

해안선이 닮았다

마젤란 일행이 세계 일주에 성공하며 지구가 둥글다는 것을 체험으로 입증한 때는 1521년이다. 당시 탐험가들의 원

마젤란 일행의 세계 일주 이후 얼마 되지 않아 작성된 세계 지도. 유럽 및 아프리카의 해안선과 아메리카 대륙 동부의 해안선이 너무 닮아 있음을 잘 보여 준다.

정이 끝나면 항해 기간 중 얻은 모든 지리적 정보들이 지도를 제작하는 이들에게 전해졌다. 이들 정보를 포함하는 새로운 지도를 만들어 내는 것이 해양 강국을 꿈꾸던 당시 국가들의 중요한 과제였기 때문이었다. 마젤란 일행의 세계 일주가 성공하고 몇 년이 지난 1527년경에 만들어진 세계 지도는 북 · 남미의 동쪽 연안의 해안선과 유럽 및 아프리카의 해안선이 함께 짜 맞추어볼 수 있을 정도로 매우 유사한 모습을 보여 준다. 대서양이 중앙에 자리를 잡고 있는 세계 지도를 보는 유럽 사람들에게 '혹시 이들 대륙이 언젠가 함께 붙어 있었던 것은 아닐까?'라는 소박한 질문이 떠오른 것은 매우 자연스러운 일이었다.

네덜란드의 지도 제작자 오르텔리우스(Abraham Ortelius, 1527~1598)는 1596년 『지리학의 새로운 모습(Thesaurus Geographicus)』에서 아메리카 대륙은 지진과 홍수 등에 의해 유럽과 아프리카로부터 찢겨져 나간 것 같다고 기술하였다. 베이컨(Francis Bacon, 1561~1626)도 "이러한 유사성이 단순한 우연이 아닐 것"이라는 의견을 피력하였다. 또한 생물지리학을 발전시킨 독일의 훔볼트는 두 대륙의 생물, 지질, 지리 등의 유사성을 지적하기도 하였다.

이를 과학적인 담론으로 이끌어 낸 사람은 독일의 고기후학자 베게너(Alfred Wegener, 1880~1930)였다. 1911년 당시 베게너는 서른한 살로 독일 마르부르크대학교에서 천문학과 기상학을 강의하고 있었다. 그러던 어느 날 우연히 과학 잡지에서 '브라질과 아프리카가 옛날에는 연결되어 있었을 것'이라는 글을 읽었고, 이것이 계기가 되어 1930년 그린란드 탐험에서 실종되기까지 이 문제에 남은 일생을 모두 바쳤다.

베게너의 대륙이동설

1912년 베게너는 『대륙 이동(Continental Drift)』이라는 저서에서 과거 판게아(Pangaea, Pan은 범(汎), gaia는 대지(大地)를 뜻하는 그리스어 합성어로 '모든 땅(all lands)'을 의미)라는 거대 대륙으로 함께 붙어 있던 아메리카, 유럽, 아프리카 대륙이 두 개의 큰 대륙인 로라시아(Laurasia)와 곤드와나랜드(Gondwanaland)로 나뉘기 시작하였으며, 이들이 계속 더욱 작은 대륙들로 쪼개지면서 오늘날과 같은 모습이 되었다는 엄청난 내용의 '대륙이동설'을 발표하였다.

대륙이동설은 오르텔리우스의 지적처럼 아메리카 대륙과 아프리카 대륙의 해안선의 모습이 매우 비슷하다는 사실에 기초한 것이었다. 그리고 베게너가 일차적으로 이용한 방법은 훔볼트가 이미 한 세기 이전

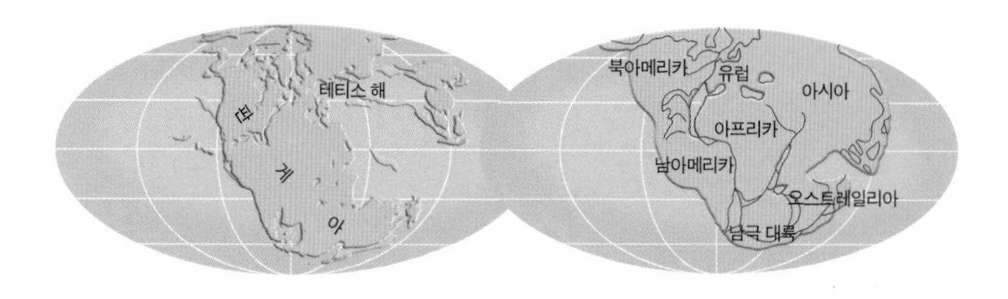

베게너가 생각하였던 판게아의 모습과 오늘날 연구를 통해 복원된 약 2억 년 전의 판게아의 모습

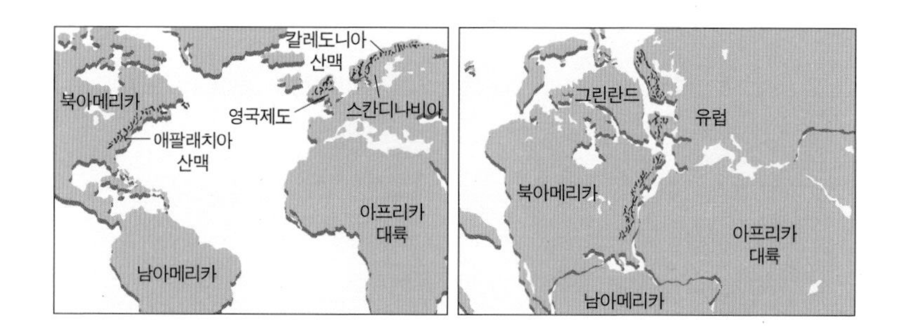

오늘날 유럽과 미국에 흩어져 있는 여러 산맥들(왼쪽 그림)이 판게아 대륙 내에서 일렬로 정렬되어 있다.(오른쪽 그림) 이 산맥들은 대략 3억 년 전에 초대륙 판게아가 형성되는 기간에 대륙들이 충돌하면서 형성되었다.

에 시도하였던 방법들을 모든 대륙에 동원해 본 것이었다. 판게아 대륙을 짜 맞추어 보면 단지 대륙 모양 맞추기뿐 아니라 흥미롭게도 오늘날 몇 대륙 내에 흩어져서 존재하고 있는 여러 산맥들이 판게아 대륙 내에서 한 줄로 나란히 서 있는 것이 바로 눈에 띈다.

또한 베게너가 매우 흥미를 갖게 된 여러 자료들이 있었는데, 이 자료들에서는 대서양을 가운데 두고 멀리 떨어져 있는 남아메리카와 아프리카의 연안을 따라 특이한 지질학적인 구조나 동식물들의 화석들이 공통

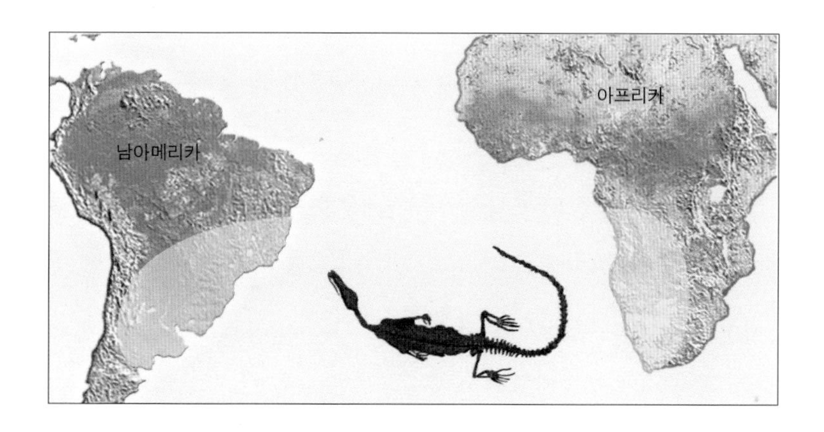

남대서양의 양편 아프리카 대륙과 남아메리카 대륙에서만 발견되는 메소사우루스의 화석. 이 화석은 후기 고생대에서 전기 중생대에 이들 대륙이 서로 붙어 있었음을 암시한다.

적으로 나타나고 있었다. 이러한 동물이나 식물이 대양을 가로질러 헤엄을 쳐 이동하는 것은 물리적으로 불가능하므로, 베게너는 동일한 화석이 두 대륙에서 나타나는 것은 두 대륙이 언젠가 하나로 합쳐져 있었다는 가설의 확실한 증거라고 생각하였다. 대륙(continent)이라는 단어는 '함께 붙들어 놓다(to hold together)'라는 뜻의 라틴어 동사 'continere'에서 유래된 것인데, 베게너는 대륙이 함께 붙어 있지 않을 수도 있다는 이론을 제기한 것이다.

기상학자인 베게너가 대륙 이동을 더욱 확신할 수 있었던 증거는 과거 일부 대륙에 극적인 기후 변화가 있었음을 보여 주는 자료들이다. 동토의 남극 대륙에서 석탄의 형태로 발견된 열대 지역 식물들의 화석은 남극 대륙이 과거에는 적도에 가까운 지역에 위치하여 이들 식물들이 자랄 수 있었음을 말해 주는 것이었다. 현재의 지리와 맞지 않는 또 다른 기후 자료로는 오늘날에는 사막인 아프리카에서 빙하 시절의 흔적을 보여 주는 퇴적물이 발견되거나 특정한 화석 고사리류(Glossopteris)가 극지방에서만 발견되는 것 등을 들 수 있다. 당시의 지질학자들이 이런 화석들의 분포를 설명하기 위하여 고육지책으로 생각하였던 육교(陸橋) 개념에 비하면 판게아 이론은 너무나도 명쾌하였고, 베게너는 자신이 절묘한 퍼즐 맞추기에 성공하였다고 주장하게 된다.

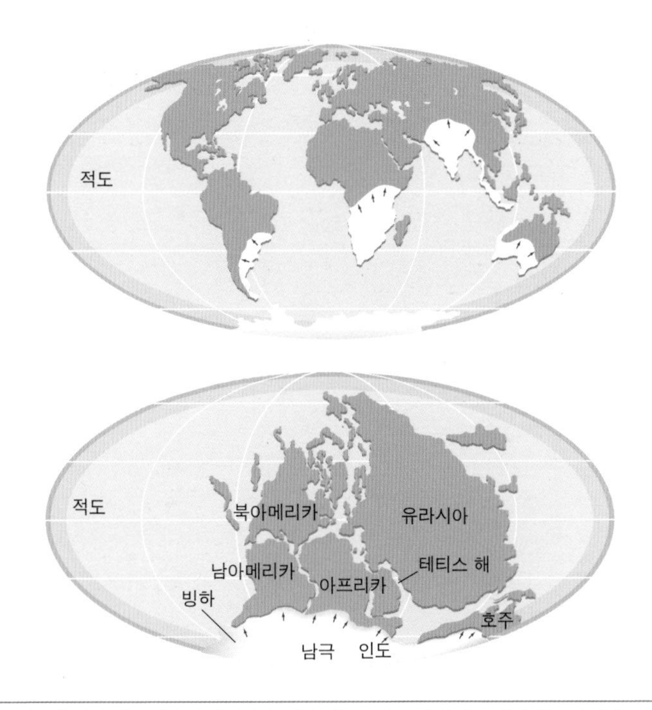

오늘날 각지에 흩어져 있는 페름기 빙하의 흔적들(위). 초대륙 판게아(아래)에서는 이들이 모두 한곳에 모여 있는 것을 볼 수 있다.

대륙이 과연 움직일 수 있을까?

베게너의 대륙이동설은 오늘날 지구를 보는 우리들의 생각을 새롭게 해주는 중요한 역할을 하였지만, 당시의 지질학자들로서는 쉽게 받아들일 수 없는 엄청난 주장이었다. 제1차 세계대전 직후인 당시의 정황에서 베게너가 독일인이었으며 지질학자가 아닌 기상학자라는 것도 그에 대한 편견을 만들어 내는 데 일조하였다. 그러나 더 근본적인 어려움은 거대한 대륙 덩어리를 그렇게 멀리까지 이

그린란드 탐사 직전 동료와 함께 찍은 베게너(왼쪽)의 마지막 모습

동시킬 수 있는 힘이 과연 무엇인지를 설명할 수 없었다는 데 있다. 마치 밭을 갈 듯 대륙이 바다를 가로질러 갔다는 베게너의 주장을 받아들이는 것은 너무 엄청난 일이었다. 베게너는 그의 남은 일생 동안 자신의 이론을 더욱 뒷받침할 수 있는 증거들을 찾는 데 모든 열정을 바쳤으나, 그가 살아 있는 동안 할 수 있었던 것은 단지 많은 과학자들을 동요시킨 것뿐이었다.

지구의 나이를 규명하는 데 큰 업적을 남긴 영국의 홈즈(Arthur Holmes, 1890~1965)와 같이 베게너의 생각에 동조하는 과학자가 있기는 하였지만, 특히 지구의 내부 구조를 연구하던 제프리스 경(Sir Harold Jeffreys, 1891~1989)을 비롯한 대부분의 지진학자들은 강력하게 반대했다.(홈즈는 8장에서 설명할 맨틀대류설을 처음 제안한 학자이기도 하다. 홈즈는 1928년에 방사성 물질의 붕괴열과 지구 중심부에서 올라오는 열에 의해 맨틀 상부와 하부 사이에 온도차가 생기고, 그 결과 매우 느리게 열대류가 일어난다는 맨틀대류설을 발표하였다. 홈즈는 맨틀 대류를 대륙 이동의 에너지원으로 생각한 것이다.) 결국 베게너의 주장은 토론의 장에서 잊혀지고 말았다. 외로이 자신의 이론을 입증할 증거들을 찾는 데 일생을 바치던 베게너는 1930년 그린란드 탐사를 떠났다가 쉰 살이 되는 생일을 넘기고 며칠 안 되어 결국 동사한 채로 발견되었다. 베게너의 대륙이동설에 그렇게 강한 반대 이론을 제기하였던 제프리스와 같은 지진학자들이 가졌던 강력한 무기는 무엇이었을까?

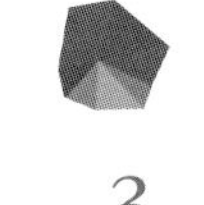

3. 밀도가 알려 준 지구 내부

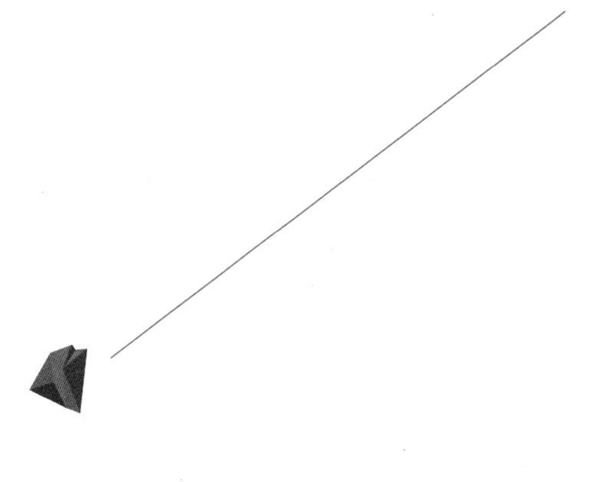

지표면의 관찰이나 시추를 통하여 과학자들이 직접 접근할 수 있는 지구의 깊이는 기껏해야 20여 킬로미터밖에 되지 않는다. 지구의 반지름이 6,370킬로미터라는 것을 감안해 볼 때, 이런 자료를 통하여 얻을 수 있는 지식은 지구의 얇은 표면에 국한될 수밖에 없다. 이 때문에 지구 내부는 인류에게 미지의 대상이었다. 알 수 없는 지구 내부의 움직임을 통해 때때로 지각을 이루고 있는 얇은 표피가 갑자기 뒤흔들려 치명적인 지진이 발생하고, 어떤 곳에서는 작렬하는 용암이 지구 내부에서 지표면으로 뿜어 나오면서 화산이 점점 크게 자라나고, 뜨거운 물이 지표로 분출되기도 한다. 또한 지구 내부에서 만들어진 아름답고 귀한 보석들은 오래전부터 이를 소유한 사람들에게 부를 안겨 주었다.

지구 내부는 이를 알고 싶어 하는 인류에게 관찰이나 접근을 영원히 금지하는 신비한 세계처럼 보인다. 하지만 오늘날 인류는 직접 지구 내부를 보거나 만져 보지 않고서도 그 모습을 알 수 있게 되었다. 지구 내부의 비밀을 알기 위해 과학자들이 사용한 첫 번째 도구는 바로 지구의 밀도였다.

프랑스 왕립과학원의 이상한 지구 탐사

1735년 프랑스 왕립과학원은 적도에 가까운 남아메리카 안데스 지역에서 수리물리학자 피에르 부게(Pierre Bouguer, 1698~1758)와 군인 출신의 수학자 샤를 마리 드 라 콩다민(Charles Marie de La Condamine, 1701~1774)을 대장으로 특이한 탐사 작업을 시작하였다. 이상하게 들릴지 모르겠지만 탐사의 주요 목적은 프랑스가 앞장서 발전시킨 삼각측량법을 이용하여 지구 둘레의 1/360에 해당하는 자오선 1도의 길이를 정확히 측정하고 지구가 적도로 가면서 과연 불룩한지를 확인하는 것이었다. 그렇다면 무엇 때문에 멀리 안데스까지 원정을 가서 이런 탐사를 하게 된 것일까?

그 이유를 추적하려면 50여 년 전인 1683년 어느 날 영국 런던에서 있었던 세 과학자의 저녁식사까지 거슬러 올라가야 한다. 그의 이름이 붙어 있는 혜성으로 유명한 천문학자 핼리(Edmond Halley., 1656~1742), 세포에 관한 설명을 제시한 것으로 유명한 훅(Sir Robert Hooke, 1635~1703), 그리고 천문학자이자 유명한 건축가였던 크리스토퍼 렌 경(Sir Christopher Michael Wren, 1632~1723) 등 세 과학자는 저녁 만찬에서 천체의 움직임에 대한 이야기를 나누고 있었다. 당시에는 행성들이 원이 아닌 타원 궤도를 따라 움직이고 있다는 것이 이미 알려져 있었다. 케플러(Johannes Kepler, 1571~1630)의 제1법칙이 바로 그것이다. 그렇지만 행성들이 왜 이런 궤도를 따르는지는 밝혀지지 않았다. 이때 렌은 그 답을 알아내는 사람에게 2주일 정도의 봉급에 해당하는 40실링의 상금을 주겠다고 제안하였다. 훅은 자신이 그 답을 이미 알고 있다고 주장하였지만, 이를 입증할 만한 아무런 증거도 제시하지 못하였다. 이 문제를 고민하던 핼리는 케임브리지로 가서 그곳에서 당시 루카스 수학교수(Lucasian Professor of Mathematics, 1663년부터 케임브리지대학교에서 수학에 중요한 공헌을 한 교수에게 부여한 칭호로, 당시 하원의원이던 헨리 루카스가 만들었다고 한다. 현재의 루카스 수학 교수는 스티븐 호킹이다.)로 재직하고 있던 뉴턴(Sir Isaac Newton, 1642~1727)에게 도움을 청하였다.

1684년 8월 예고 없이 뉴턴을 방문한 핼리는 뉴턴에게 만약 태양이 끌어당기는 힘이 거리의 제곱에 반비례한다면 행성의 궤도는 어떤 모양이 될 것 같냐고 질문하였다. 핼리는 역제곱 법칙이 문제 해결의 핵심일 것이라고 생각하고 있었던 것 같다. 그러자 뉴턴은 즉시 타원이 될 것이라고 대답하였다. 핼리가 어떻게 그것을 알았느냐고 묻자 뉴턴은 계산으로 얻은 결과라고 답하였다. 그런데 문제는 뉴턴 책상에 산더미처럼 쌓여 있는 서류더미 속에서 그 계산 결과를 찾을 수 없었던 것이다.

프린키피아의 탄생

계산 결과를 직접 확인하지 못한 핼리는 뉴턴이 이를 직접 계산하였는지 재차 추궁하였다. 그러자 뉴턴은 핼리에게 다시 계산을 해서 보여 주겠다고 약속하였다. 그리고 2년 동안 칩거하면서 마침내 1687년에 『자연철학의 수학적 원리(Philosophiae Naturalis Principia Mathematica)』, 즉 우리에게는 '프린키피아(Principia)'로 더 잘 알려진 걸작을 완성하여 그 약속을 지켰다. 당시에도 이미 많은 업적을 이룬 뉴턴이었지만, 이 책을 발표하면서 일약 유명 인사가 되었다. 누가 미적분학을 먼저 정립했는지를 두고 뉴턴과 치열한 다툼을 하였던 독일의 수학자 라이프니츠(Gottfried Wilhelm von Leibniz, 1646~1716)도 수학에서의 뉴턴의 업적은 그 이전의 업적을 모두 합친 것과 같다고 인정하였으며, 핼리

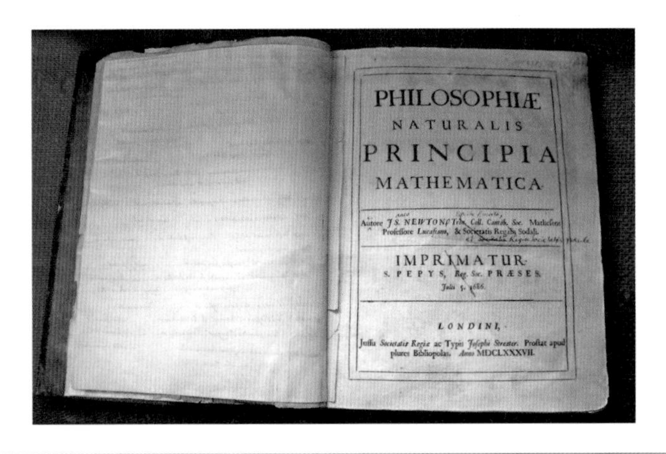
PHILOSOPHIÆ
NATURALIS
PRINCIPIA
MATHEMATICA.

Autore J S. NEWTONO, Trin. Coll. Cantab. Soc. Matheseos Professore Lucasiano, & Societatis Regalis Sodali.

IMPRIMATUR.
S. PEPYS, Reg. Soc. PRÆSES.
Julii 5. 1686.

LONDINI,
Jussu Societatis Regiæ ac Typis Josephi Streater. Prostat apud plures Bibliopolas. Anno MDCLXXXVII.

1687년 발간된 『자연철학의 수학적 원리』. 고전 역학과 만유인력의 기본 바탕을 제시하여 과학사에 가장 영향력을 미친 저서 중의 하나로 꼽힌다.(출처: Wikipedia,©Andrew Dunn)

는 "어느 누구보다도 신에게 가까이 간 인물"이라며 찬사를 아끼지 않았다.

그런데 여기에서 문제가 생기기 시작하였다. 당시까지도 많은 과학자들은 신의 창조물인 지구는 완벽한 구 형태라고 믿고 있었다.('싶었다'라는 표현이 더 적절할지 모른다.) 하지만 뉴턴이 『프린키피아』에서 지구의 회전에 따른 원심력 때문에 "지구는 완전한 둥근 공 모양이 아니며, 극지방은 조금 납작하고 적도 지방은 약간 부푼 불룩한 공 모양을 하고 있다."라는 주장을 편 것이다.

이를 오류라고 믿었던 프랑스 과학자들은 뉴턴이 틀렸다는 것을 입증하기 위해 앞에서 설명한 것처럼 부게와 드 라 콩다민이 이끄는 지구 탐사를 기획했다. 이들의 염원을 담은 안데스 탐사는 여러 가지 난관을 극복하느라 10년 가까운 시간을 보내야 하였다. 그러나 실망스럽게도 안데스 탐사를 마치기 직전, 탐사 팀은 습지와 빙하가 많은 북부 스칸디나비아로 파견된 프랑스의 두 번째 탐사 팀으로부터 극지방으로 갈수록 위도 1도 사이의 거리가 실제로 멀어진다는 것을 확인하였다는 소식을 듣게 되었다. 이로써 뉴턴의 주장은 확실한 증거를 갖게 되었다. 결국 안데스 팀은 다른 팀의 결과가 옳다는 것을 확인시켜 주는 것으로 탐사를 마무리할 수밖에 없었다. 이렇게 하여 안데스 탐사 팀의 노력이 큰 의미를 잃게 된 것은 사실이지만, 곧 살펴볼 것처럼 이 안데스 탐사를 통해 지구의 내부를 살피는 중요한 전기가 마련되게 된다.

지구 내부에는 비어 있는 공동과 불덩이가 있다?

오랫동안 지구의 내부는 서로 관통된 공동(空洞)들이 산재해 있는 고체로 여겨졌다. 이런 공동은 두 가지 종류로서, 한 종류는 비어 있거나 부분적으로 물이 차 있고 광활한 지하의 강이나 바다를 엮는 거대한 연결망에 연결되어 있으며, 다른 한 종류는 뜨거운 용암이나 마그마로 채워져 있다고 믿어졌다. 그리고 이들 두 종류의 공동들이 어떻게 상대적인 분포를 가지느냐에 따라 표면의 지질학적 특징이 결정된다고 여겨졌다. 가령 남부 이탈리아, 일본, 아이슬란드와 같은 지역들은 마그마의 공동들이 풍부하므로 화산이 많이 존재하고, 그리스, 유고슬라비아, 소아시아와 같은 지역들은 지하 동굴이 많다는 식이었다. 이와 같이 뜨겁거나 차거나, 그리고 엇갈려 나타나다가 합쳐지고 궁극적으로는 연결되는 두 종류의 지하 공간에 대한 믿음은 1864년 쥘 베른(Jules Gabriel Verne, 1828~1905)이 저술한 『지구 내부로의 여행』에 잘 나타나 있다.

과거에는 이런 구멍이 숭숭 뚫려 있는 모형과 궤를 같이하여 지구 내부의 중심에 불덩이가 존재한다는 믿음이 있었다. 옛 광부들은 땅을 깊게 뚫을수록 더욱 뜨거워지는 것을 경험으로 알고 있었다. 그래서 지구 내부는 중심에 열원인 불을 가지고 있는 것처럼 여겨졌다. 17세기 말에 이르면서 흔히 받아들여진 이런 생각은 '지구는 실패한 별'이라고 가정하였던 데카르트(René Descartes, 1596~1650)의 이론을 비롯하여 여러 이론들의 지지를 받았다. 이들 철학자들은 지구가 강한 빛을 내는 시기를 거

과학 소설 분야를 개척한 작가인 프랑스의 쥘 베른(Jules Verne, 1828~1905). 오른쪽은 그가 저술한 『지구 내부로의 여행』(1864)의 표지 이미지.

친 후 식으면서 피상적인 고체 껍질인 지각이 형성되었다고 생각하였다. 그리고 냉각이 계속되기는 하였지만 지구 내부는 초기의 조건을 반영하는 중심의 불로 뜨거워진 상태를 가지고 있다고 생각하였다.

모든 사람들이 이러한 생각을 믿은 것은 아니지만, 지구 내부에 대한 통념은 지구가 행성의 초기 상태에서 남게 된 구형의 중심과 이를 둘러싸고 있는 구멍이 숭숭 뚫린 고체로 구성되어 있다는 것이었다. 이런 생각은 17세기 초부터 18세기 말까지 200여 년에 걸쳐 지속되었다.

지구의 밀도를 측정하라

프랑스의 과학자 뷔퐁(Georges-Louis Leclerc, Comte de Buffon, 1707~1788)은 지구의 물리적 성질에 관하여 실질적으로 알려진 사실 없이 이론에만 치우쳐 토의가 이루어지고 있다고 느끼고, 이런 지구 내부의 모형들이 지구의 밀도로서 확인될 수 없음을 매우 안타까워하였다. 뷔퐁은 그의 책 『지구의 이론』에서 "부피 대 부피로 할 때 지구의 무게가 태양에 비하여 네 배 더 무겁다고 알려져 있다. 우리들은 또한 지구의 무게가 다른 행성들에 비하여 얼마나 더 무거운지를 알고 있다. 그러나 지구의 실질적인 무게를 알지 못하기 때문에 이들은 모두 상대적인 값일 뿐이다. 따라서 지구의 내부는 텅 비어 있을 수도 있고 금보다 네 배나 무거운 물질로 차 있을 수도 있다."라고 언급하기도 하였다.

어떤 물질의 질량을 계산하는 것은 그 물질의 성질을 결정하는 매우 좋은 방법이다. 철은 돌보다 더 무거우며, 물은 기름보다 더 무겁다. 만약 지구의 질량을 알 수 있다면 지구의 부피를 이용하여 밀도를 계산해 낼 수 있으며, 이로부터 지구 내부를 구성하고 있는 물질의 특성을 결정할 수 있다. 그런데 어떻게 지구의 질량을 잴 수 있을까? 기원전 3세기 에라토스테네스(Eratosthenes)는 이미 지구의 크기를 꽤 정확하게 측정하였다. 밀도를 구하기 위해서는 지구의 질량을 알면 되는데, 문제는 지구와 같은 거대한 물체의 질량을 재는 묘기를 부릴 수 있는 거대한 저울이 없다는 것이었다.

그런데 지구의 질량을 결정하는 위업이 18세기 중엽에 처음으로 이루어졌다. 실은 이 밀도 측정에 관한 근거 역시 뉴턴의 『프린키피아』에서 그 기원을 찾을 수 있다. 뉴턴은 『프린키피아』에서 "산 부근에 추를 매달아두면 지구의 중력과 함께 산의 중력이 작용하기 때문에 추가 산 쪽으로 조금 기울어지게 된다."라고 주장하였다. 뉴턴은 '모든 물체는 서로 끌어당기며 그 정도는 각각의 질량 m, m'에 비례하고 둘 사이의 거리 r의 제곱에 반비례한다.'라는 것을 처음 알아냈으며, 이는 아래와 같은 식으로 표현할 수 있다.

$$F = G\frac{mm'}{r^2}$$

이 식을 지구와 산이 각각 측연선(sounding line, 측연은 납으로 만들어진 추이고, 측연선은 측연을 매단 선을 가리킨다.)을 끌어당겨 측연선이 기울어지는 각도에 적용시키면 산의 질량을 알고 있을 경우 보편적인 중력상수 G와 지구의 질량을 구할 수 있게 되는 것이다.

1735년 안데스로 보내진 프랑스의 연구팀이 자오선의 길이를 측정하는 것 이외에 목표를 했던 또 하나의 임무가 바로 이것이었다. 부게는 산맥들이 자신의 측연선을 끌어당겨 연직 방향으로부터 어긋나게 하고 있음을 알아차렸다. 그러나 페루의 침보라소 산에서 실행하려던 이 실험은 부게와 드 라 콩다민의 다툼과 기술적인 어려움으로 인해 아쉽게 실패하고 말았다. 이후 영국의 왕립천문대장 매스켈린(Nevil Maskeline, 1732~1811)이 재도전하기까지 30여 년을 더 기다려야 하였다. 매스켈린은 소벨(Dava Sobel, 1947~)의 베스트셀러 『경도(Longitude)』에서 묘사되었던 시계공 해리슨(John Harrison, 1693~1776)을 끈질기게 괴롭혔던 바로 그 사람이다.

매스켈린은 지구의 질량을 알아내는 탐사를 할 때 질량을 알아낼 수 있을 정도로 규칙적인 산을 찾아내야 한다는 것을 간파하고 있었다. 그래서 1761년 금성의 일식을 관측할 때 천문학자이며 측량기사로 활약

하였던 메이슨(Charles Mason, 1728~1786)에게 영국 제도를 돌아보며 이런 관측에 적합한 산을 찾아 달라고 요청하였다. 메이슨은 스코틀랜드 고원에 있는 시할리온 산이 적합하다고 알려주었다. 다만 메이슨이 거절하여 측량은 매스켈린 자신이 할 수밖에 없었다. 매스켈린은 1774년 여름 넉 달 동안 이곳에 머물며 수백 번에 걸친 측량을 수행하였다. 그리고 이 자료를 근거로 하여 지구의 질량이 대략 5조 킬로그램의 1조 배라는 것을 밝혀 지구의 평균 밀도를 4.5 g/cm^{3}로 계산할 수 있었다. 그러나 산의 밀도를 보통의 암석과 같은 2.5 g/cm^{3}로 가정하였던 그의 계산에는 문제의 여지가 있었다.

이를 해결해 준 것은 시골의 목사이며 케임브리지대학교의 지질학 교수였던 미첼(John Michell, 1724~1793)이었다. 그는 산에 가지 않고도 지구의 질량을 측정할 수 있는 158킬로그램의 납덩이 공 두 개와 작은 공 두 개, 비틀림줄 등으로 구성된 비틀림저울을 이용하여 정밀한 측정 장비를 고안해냈다. 그러나 생전에 이 실험을 성공시키지는 못하였다. 미첼의 아이디어와 장비는 런던의 유명한 천재 과학자 캐번디시(Henry Cavendish, 1731~1810)에게 전수되었고, 마침내 1797년에 캐번디시가 이를 이용하여 지구의 질량이 6조 킬로그램의 1조 배에 이른다는 것을 알아냈다.

5.97250조 킬로그램의 1조 배를 표현하는 엄청나게 큰 숫자 5.9736×10^{24}킬로그램은 우리가 상상하기 힘든 큰 값이다. 그런데 이 값에 가까운 것으로 원자, 분자 등의 미시의 세계와 우리가 만지고 보는 거시

의 세계를 연결해 주는 숫자인 '아보가드로수'가 있다. 아보가드로수는 6.02×10^{23}에 해당하는 숫자로 앞의 값의 1/10 정도에 해당하는 큰 수인데, 이 아보가드로수가 바로 원자량 1인 수소 1그램을 이루는 수소 원자의 개수, 혹은 분자량 18인 물 18그램에 들어 있는 물 분자(H_2O)의 개수에 해당한다.

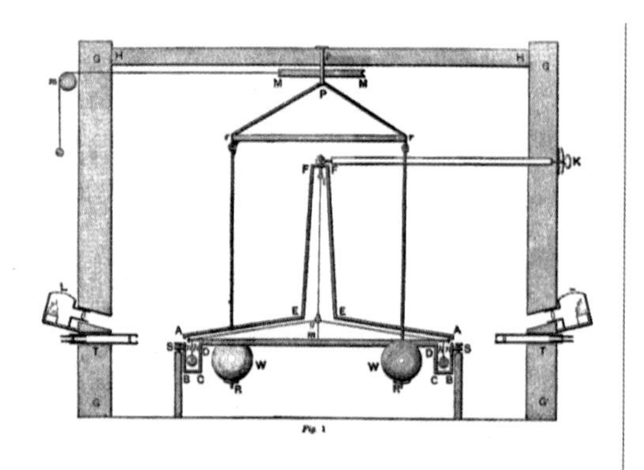

미첼이 고안한 158킬로그램의 납덩이 공 두 개와 작은 공 두 개, 비틀림줄 등으로 구성된 비틀림저울. 이를 이용한 실험을 성공시킨 캐번디시.

캐번디시의 측정값은 오늘날 받아들여지고 있는 지구의 질량 5.9736 $\times 10^{24}$킬로그램과 1% 정도밖에 차이가 나지 않는 정확한 값이다. 이렇게 해서 18세기 말 캐번디시는 지구의 밀도가 5.45 g/cm^{3}라고 추정할 수 있었다.(오늘날 받아들여지는 값은 5.25 g/cm^{3}이다.)

서서히 밝혀지는 지구 내부의 모습

밀도에 대한 계산값이 과학계에 받아들여지고 나자 지구에 관한 아주 기본적인 사실들이 서서히 드러나기 시작하였다. 지표면에서 통상 발견되는 암석의 밀도는 2.5~3 g/cm^3 정도밖에 되지 않는데, 지구 전체로는 이런 표면의 암석들에 비하여 두 배 정도 무겁다. 따라서 지구 내부는 '무거운 성분'을 포함하고 있어야 하며, 이 지역의 물질들은 밀도가 표면의 암석보다 훨씬 커야만 한다. 즉 지구 전체의 평균 밀도 5.4 g/cm^{3}를 만들어 내기 위해서는 지구의 중심부 핵의 밀도가 7.8 g/cm^{3}에서 10 g/cm^3 정도로 커야만 하는 것이다.

이렇게 무거운 원소에는 어떤 것들이 있을까? 밀도표를 살펴보면 구리, 주석(tin) 또는 니켈 등은 너무 가볍고, 납, 은 또는 금 등이 가능성 있는 후보들로 생각되었다. 그렇다면 신세계(New World) 멕시코나 페루에서 풍부하게 산출된 금이나 은이 혹시 이 지역의 지구 내부 깊은 곳에 기원을 둔 암석들과 연계되어 있는 암맥(vein)을 통해 얻어진 것은 아닐까 하는 생각이 들 수도 있다. 더 나아가서 지구의 내부에는 무한정한

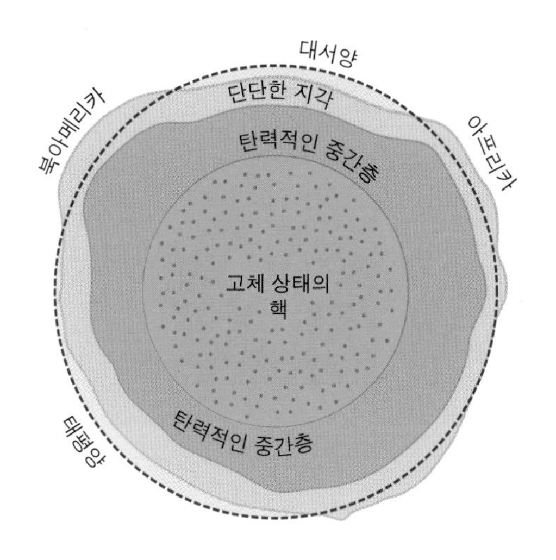

지진학에 의한 지구 내부의 연구가 진행되기 이전인 1902년 크래머(H. Kraemer)가 베를린에서 발표한 지구 내부 단면도를 다시 그린 그림. 이름이나 상대적 부피 등이 정확하지는 않지만 지구가 3층 구조 – 지각, 맨틀, 핵– 를 가지고 있음을 보여 주고 있다.

부의 저장고가 있으며, 지구는 금속이 풍부한 암맥의 모습으로 이 보물들을 지표면으로 조금씩 내보내 주고 있는 것은 아닐까라고 생각할 수도 있다.

물론 이와 같은 '묻혀진 보물'이라는 개념이 모든 과학자들에게 만장일치로 받아들여진 것은 아니었다. 일부 과학자들은 지구 내부에 고체나 액체 상태의 핵이 존재하기는 매우 힘들다고 생각하였다. 당시 과학자들은 고체나 액체는 압축할 수 없는 물질이라고 믿고 있었다. 따라서 당시 알려진 고체들을 단지 땅속 깊이 묻음으로써 이들의 밀도가 증가할 수 있다고 기대할 수는 없었다. 다른 유일한 가능성은 기체였다. 기체는 압력을 가하면 압축되어 밀도가 쉽게 증가할 수 있기 때문이다. 일부 과학자들은 지구 내부에 압축된 기체가 포함되어 있는 것이 틀림없다고 생각하였다. 프랭클린(Benjamin Franklin, 1706~1790)이 이런 생각을 강력하게 주장했던 대표 주자였다. 이렇게 지구 내부의 핵의 특성에 대해서 많은 논의가 있었던 것이 사실이지만, 지구의 중심에 밀도가 높은 핵이 있다는 사실은 거의 이견 없이 받아들여졌다.

관성 모멘트에 숨어 있는 수수께끼

19세기가 거의 끝날 무렵, 이 가설은 회전하는 물체의 성질에 기초하여 더욱 강화되었다. 뉴턴이 이미 예측하였던 대로 구체가 축을 따라 회전할 때 적도 근처의 지점들은 극 쪽에 위치한 지점들에 비하여 더욱 먼 거리를 움직여야 한다. 따라서 적도 근처는 상대적으로 더욱 빠른 속력으로 회전하며 원심력이 더욱 커진다. 따라서 전체적으로 볼 때 구는 적도 지역이 '부푼' 모습을 띤다. 그런데 구체의 밀도가 균일하게 분포되어 있다면 부풀음 정도가 눈에 띄겠지만, 질량이 핵 쪽에 밀집되어 있다면 그리 중요하지 않게 되는데, 이런 성질을 '관성 모멘트(moment of inertia)'라고 부른다.

이미 살펴보았던 것처럼 지구의 실제 모습은 적도 지방이 약간 부풀어 있기는 하나, 부푼 정도가 극과 비교하여 1/300 정도밖에 되지 않는다. 따라서 물리학자들은 지구 질량의 대부분이 핵에 모여 있고, 관성 모멘트와 지구의 평균 밀도 자료를 사용하여 지구 내부에는 반지름의 약 1/2의 크기를 가진 핵이 있으며, 핵의 밀도는 약 11 g/cm^{3}가 되어야 한다는 결론을 내릴 수 있었다. 19세기 말에는 이렇게 비교적 간단한 역학 계산을 통하여 지구 내부 구조에 대한 꽤 정교한 모형을 만들어 낼 수 있었다. 이것이 19세기 말에 과학자들이 지구의 내부에 대하여 생각한 기본적인 그림이었다. 그러나 이런 모형이 과학자들에게 널리 받아들여진 것은 20세기에 들어 등장한 '지진학(seismology)'의 연구 결과 덕분이다.

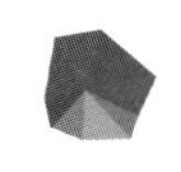

4. 지진학이 확인한 지구 내부

지진학은 지진이 만들어 내는 파동이 지구 내에서 전파되는 모습을 연구하여 지구 내부의 구조에 관한 정보를 얻는 학문이다. 의학으로 보면 엑스레이 혹은 초음파를 이용하여 사람의 몸속을 살피는 방사선과에 해당되는 분야이다.

지진학의 발달 초기에는 지진이 물질이나 사람에게 끼치는 파괴력의 정도에 따라 지진을 분류하고, 이들의 분포도를 만들어 기록하는 것이 주된 연구 과제였다. 1883년에 일본에 머물고 있던 영국의 밀른(John Milne, 1850~1913)은 그때까지 일본에서 발생했던 몇 차례의 지진을 조사하였다. 밀른은 그 지진들의 엄청난 에너지에 놀라며, "큰 지진이 방출하는 굉장한 양의 에너지를 고려해 볼 때, 이런 지진이 만들어 내는 진

밀른. 지진파가 지구 내부를 통해 이동하여 먼 곳까지 전달될 수 있음을 예언함으로써 지진학의 새 지평을 연 영국의 학자이다.

동이 지구상의 다른 곳에서 관측된다는 것이 전혀 놀라운 것은 아닐 것이다."라는 예측을 하였다. 이와 함께 지진학이라는 새로운 학문이 등장하게 되었다.

최초의
원지지진(Teleseism) 기록

지진계를 최초로 발명한 나라로는 중국을 꼽는다. 중국에서는 지진이 끊이지 않고 일어나면서 조세로 징수한 곡물 수송에 문제가 생기는 경우가 많았고, 이것이 식량 봉기나 반란의 도화선이 되기도 하였다. 때문에 중국에서 이를 감지할 수 있는 장치가 최초로 개발된 것은 자연스러운 결과라고 보여진다. 이를 처음으로 실현시킨 사람은 후한시대 궁정 천문관이었던 장형(張衡, 78~139)으로, 그의 지진계는 지진이 발생하면 청동으로 만들어진 구슬이 윗부분에 설치된 용의 입에서 아래에 설치된 입을 벌린 두꺼비의 입으로 떨어지게 고안된 장치였다.

장형을 기념하여 발행된 우표와 현대에 복원되어 상해의 지진기념관에 전시되어 있는 지진계. © 2015 krk

처음에는 궁정의 관리들이 장형의 새로운 발명품에 대해서 큰 신뢰를 갖지 않았던 것 같다. 『후한서』의 기록을 보면 장형의 새로운 발명품의 효용성에 대한 사람들의 생각이 바뀌어 간 과정을 짐작할 수 있다.

> 어느 때인가 인체에 느껴지는 진동이 없었는데도 한 용의 입에서 구슬이 떨어졌다. 지진이 일어나서 구슬이 떨어졌다는 증거가 없었기 때문에 지진계의 이런 이상한 반응은 주위의 학자들을 놀라게 하였다. 그런데 며칠 뒤 사자가 전갈을 가지고 왔다. 농서(수도에서 북서쪽으로 약 640킬로미터 떨어진 지역)에서 지진이 있었다는 것이다. 이런 일이 있자 모두가 이 장치의 신비스러운 힘에 감복하였다. 그 이후 지진이 찾아온 방향을 기록하는 일은 천문역법국원의 의무가 되었다.

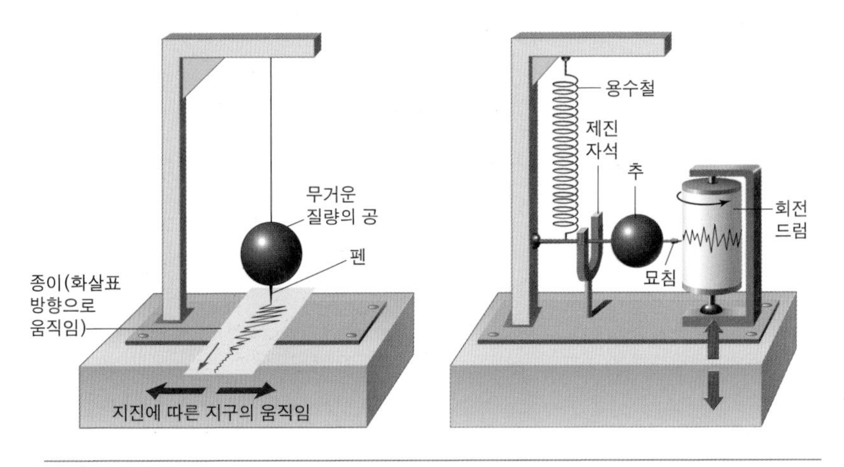

지진계의 원리. 추는 관성 때문에 움직이지 않으려고 하고, 기반암에 고정된 지진계는 지진파에 반응하여 진동함으로써 추에 달려 있는 펜이 지진파가 이동하면서 발생한 지면의 움직임을 기록할 수 있다.

비록 600여 킬로미터밖에 떨어져 있지 않았지만, 이것은 지진이 일어난 곳에서 멀리 떨어진 곳에서 지진을 관측한 것에 대한 최초의 기록이라고 할 수 있다.

한편 밀른이 일본에서 지진을 관측한 때로부터 6년 후인 1889년에 독일의 레뵈르-파슈비츠(E. von Rebeur-Paschwitz, 1861~1895)는 자신이 만든 정교한 지진계를 통해 밀른의 예언을 확인하였다. 독일의 포츠담에 설치된 자신의 지진계에 4월 18일에 이상한 파형이 기록되었는데, 같은 날 동경에서 매우 큰 지진이 발생한 사실을 알게 된 것이다. 레뵈르-파슈비츠의 이 기록은 지진이 지구를 가로지르며 지구 거의 반대편의 멀리 떨어진 곳에서도 감지될 수 있음을 보인 것이다.

이 발견에 충격을 받은 인도지질연구소(Geological Survey of India)의 올덤

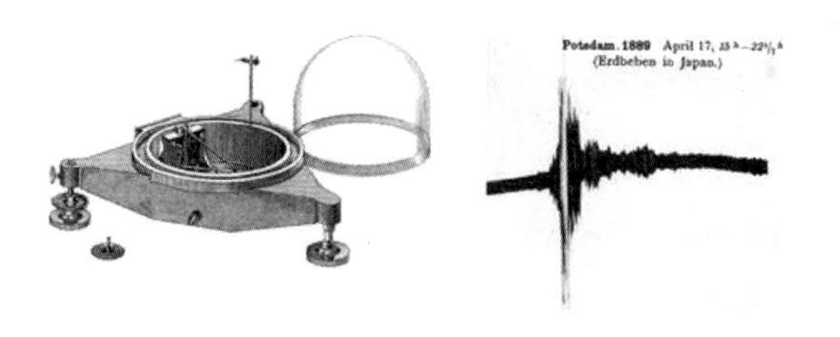

독일의 레뵈르-파슈비츠의 지진계 및 이 지진계를 사용하여 1889년에 포츠담에서 일본의 지진을 측정한 원지지진 기록(출처: Nature 40, 1889, p.295).

(Richard Dixon Oldham, 1858~1936)은 지진계를 제작하고 지구의 여러 곳에서 일어나는 큰 지진이 만들어 내는 일련의 파형들을 기록하는 연구를 시작하였다. 1900년에는 그동안 수집한 지진 기록을 분석하여 그가 P 및 S(primary and secondary)로 명명한 작은 진폭을 가진 두 그룹의 파가 먼저 도착하며, 이후 큰 지진파들이 뒤따라 도착한다는 것을 확인하였다. 또한 관측점에 처음으로 도착하는 작은 파들의 시간을 정확히 분석하고, 이를 통해 앞서 도착하는 작은 파들은 지구 내부를 통해 이동하는 내부파이며, 이어 도달하는 큰 파들은 지표를 통하여 이동하는 표면파임을 보였다.

지진파의 전달 속도를 측정하고 해석하는 방법은 매우 사용하기 쉬우면서도 엄청난 효과와 영향력을 가지고 있었다. 그리고 이러한 지진파들이 지나가는 각각의 궤적을 확인할 수 있게 된 것은 지구의 내부 구조를 연구하는 지진학의 중요한 시발점이 되었다. 밀른과 올덤의 연구는 지구과학자들의 열광적인 호응을 얻어 전 세계적으로 지진관측소가 늘어나는 데 크게 일조하였으며, 이로써 이 분야에 종사하는 과학자들도

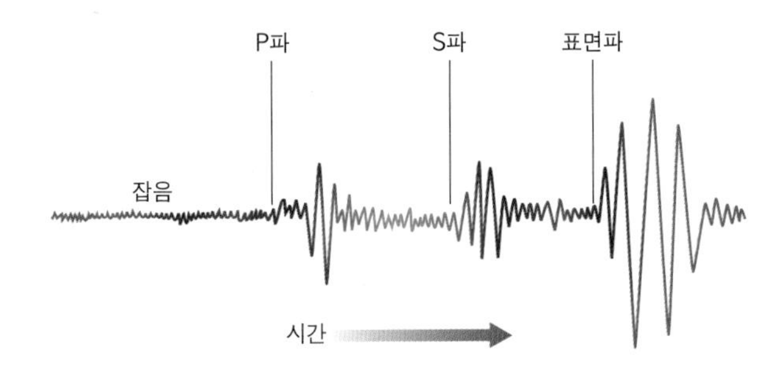

전형적인 지진 기록. 최초의 P파가 도착한 시간과 최초로 S파가 도착한 시간 사이의 간격에 유용한 정보가 들어 있다.

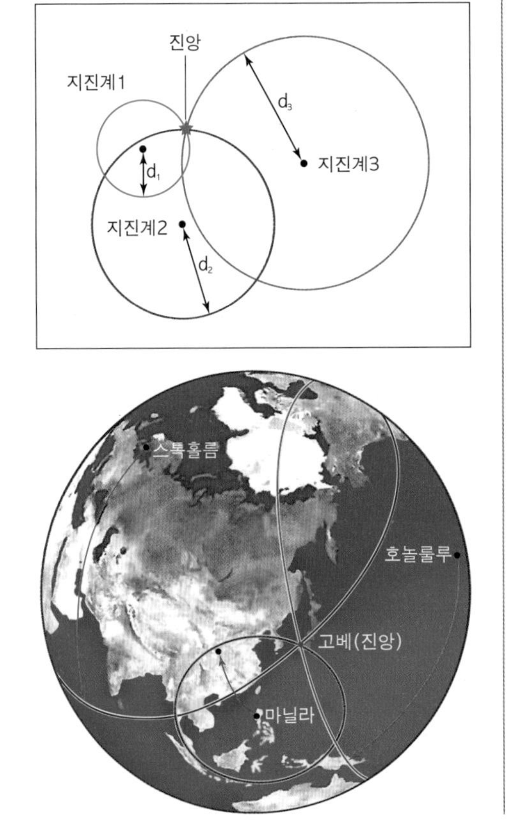

세 곳의 지진 관측소에서 PS시(P파가 도달한 후 S파가 도달할 때까지의 시간)와 거리를 구하고 이를 이용하여 진앙의 위치를 결정하는 방법을 보여 주는 모식도

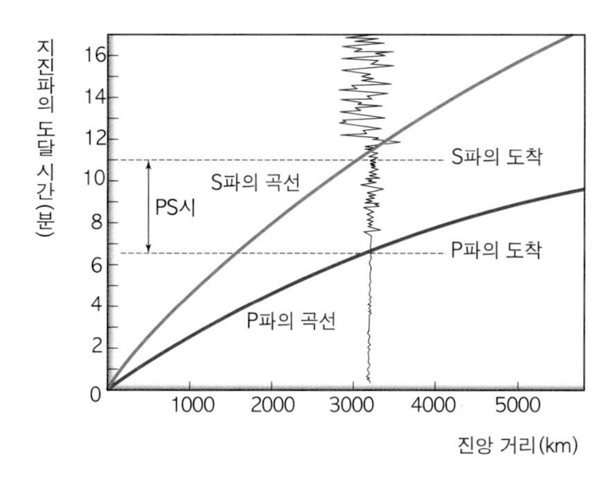

진앙까지의 거리를 구하는 데 이용되는 거리-시간의 그래프. P파와 S파가 최초로 도착한 시간차가 5분이면 진앙은 대략 3,200킬로미터 떨어진 거리에 있음을 알려 준다.

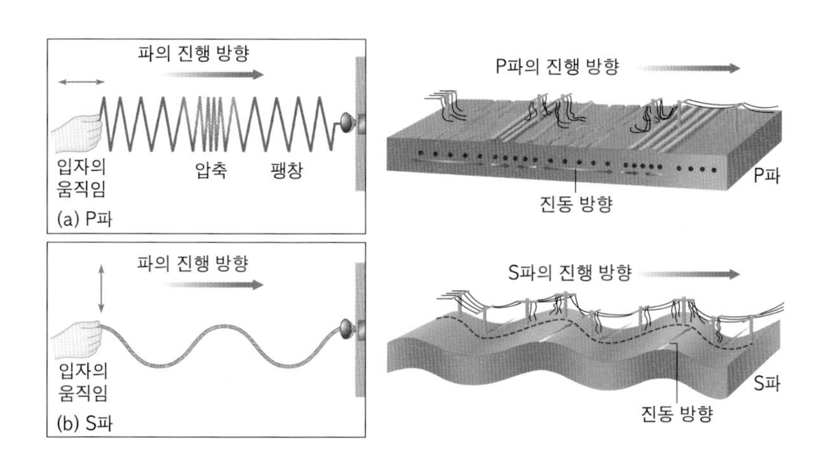

지진파의 종류와 이들의 움직임을 보여 주는 모식도. P파는 물체의 압축과 팽창을 반복하는 압축파이며, S파는 파의 이동 방향에 수직인 방향으로 물체를 진동시키는 파이다. 실제 진동은 매우 작게 일어나는데, 그림에는 매질의 진동 방향에 대한 이해를 돕기 위해서 어느 정도 과장되게 그려져 있다.

크게 증가하게 되었다. 지진파가 전달되는 속도 분포의 불연속면이나 그 외의 이상 현상을 발견하고, 이를 통하여 지구의 내부 구조를 발견하려는 노력이 급증한 것은 물론이다.

지구의 내부 구조가 밝혀지다

1909년 유고슬라비아 자그레브의 관측소에서 연구를 하던 모호로비치(Andrija Mohorovičić, 1857~1936)는 지각과 맨틀 경계 부근 30~40킬로미터 깊이에서 지진파의 속도가 7.2킬로미터/초에서 8.0킬로미터/초로 급격하게 증가하는 불연속면이 있음을 발견하였다. 이어 전 세계 곳곳의 지진학자들이 이 불연속면을 확인하였으며, 이를 모호로비치 불연속면(Mohorovičić discontinuity), 더 친숙하게는 모호(Moho)라고 한다.

지구의 내부 구조를 밝히는 연구에 큰 기여를 한 모호로비치

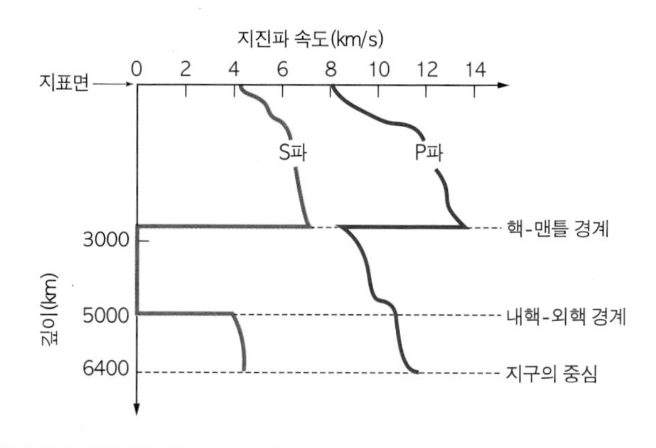

지구 내부의 깊이에 따른 지진파 속도의 분포도

이 발견에 앞서 1906년에 올덤은 액체 상태에서는 전달될 수 없는 S파가 지구 반지름의 약 0.4배인 2,550킬로미터 아래로 내려갈 때 속력이 갑자기 느려지고 더 이상 전파가 되지 않는 것을 관측하였다. 이것은 그 아래쪽에는 액체 상태의 핵이 존재한다는 것에 대한 강력한 증거였다. 1914년에 구텐베르크(Beno Gutenberg, 1889~1960)는 올덤이 이전에 발견한 핵과 맨틀 사이의 경계를 더욱 정밀하게 측정하여, 핵의 반지름이 지구 반지름의 0.545(2,900킬로미터 깊이)가 됨을 계산하였다. 이 값은 지금까지도 과학자들에게 받아들여지고 있다.

이어 1929년에 코펜하겐연구소의 레만(Inge Lehmann, 1888~1993)은 뉴질랜드 근처에서 발생한 큰 지진이 만들어 낸 지진파를 조사하다가, 핵이 만약 액체로만 되어 있다면 파선이 빗나가 도저히 도달할 수 없다고 생각한 지역에서 P파가 예상 밖으로 관측됨을 발견하였다. 이를 바탕으로 1936년에 핵이 고체의 핵(내핵)과 이를 둘러싸고 있는 액체의 핵(외핵)의 두 부분으로 되어 있다는 레만불연속면(Lehmann Discontinuity)을 제안하였다. 레만의 가설은 후에 더욱 정밀한 지진 관측 기록을 통하여 확인되었다. 이렇게 해서 지구 내부 구조의 전체적인 윤곽이 알려지게 된 것이다.

여기서 예리한 독자라면 흥미로운 질문 하나를 제기할 수 있다. 외핵을 통과하지 못한 S파가 어떻게 내핵에서 다시 나타나는가 하는 질문이다. 이것은 P파와 S파가 서로 독립적이지 않으며 서로 변환될 수 있기 때문이다. 내핵과 외핵의 경계는 지진파의 전파 속력이 매우 크게 변하는 경계(지진파 불연속면: 레만불연속면)로서, 따라서 외핵을 전파해 가던 P파가 외핵-내핵 경계에 도달하는 순간 P파의 파동에너지가 P파와 S파로 나뉘며, 이렇게 만들어진 S파가 내핵 내에서 전파해 갈 수 있는 것이다. 따라서 지구 깊이에 대한 지진파 속도 그래프에서 보이는 내핵에서의 S파의 속력은 실제 이곳에 존재하는 S파의 속도를 나타낸 것이다. 실제로 P파-S파 변환(P-S conversion)은 지진학적으로 매우 중요한 현상이고, 지구 내부 구조를 연구하는 데 매우 유용하게 사용되고 있다.
관심 있는 독자는 지진파의 전파 과정을 시뮬레이션한 동영상 https://www.youtube.com/watch?v=j7eoxizmC1I을 참조하여 이를 확인하기 바란다.

완숙한 계란 모양의 지구 모형

지진학이 밝혀낸 지구의 내부 구조는 일련의 구형의 층이 겹겹이 쌓여 있는 모습이다. 중심에는 고체 상태의 내핵과 반지름 3,500킬로미터의 액체 상태의 외핵으로 구성된 밀도가 높은 핵(core)이 자리하고 있으며, 이 핵 주위를 약 2,900킬로미터 두께의 맨틀(mantle)이 둘러싸고 있다. 지구 표면 근처에는 비교적 가벼운 물질로 이루어진 고체의 얇은 껍질인 지각(crust)이 있다. 지각은 특성을 달리 하는 두 지역으로 나뉘는데, 하나는 두께가 약 5킬로미터인 해양 지각이며, 다른 하나는 산맥 등의 존재로 인해서 지역에 따라 변하기는 하지만 대개 평균적으로 35킬로미터 정도의 두께를 가진 대륙 지각이다. 지구는 마치 노른자위(핵), 흰자위(맨틀), 껍질(지각)로 이루어진 완숙한 계란의 모습과 흡사하다.

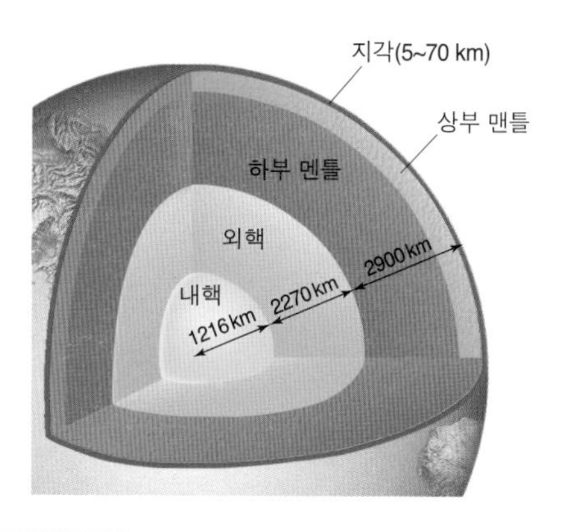

지각, 맨틀, 내핵, 외핵 등의 층상 구조를 가지고 있는 지구 내부 모습

지구 내부 구조에 대한 놀라운 발견의 대부분이 거의 10년도 채 되지 않은 짧은 시간에 이루어졌다는 것은 실로 엄청난 일이다. 만약 동일한 시대에 일어난 과학적 발견과 발전, 즉 1896년의 베크렐(Antoine-Henri Becquerel, 1852~1908)의 방사능 발견, 20세기 초 발표된 플랑크(Max Planck, 1858~1947)의 양자이론, 이를 이은 원자 및 핵물리학의 폭발적인 발전이 지진학의 태동을 가리지 않았더라면, 과학자들의 세계에서 그 중요성이 더욱 널리 알려지고 음미되었을 것이 분명한데 하는 애석함이 있다.

지구 내부 대부분은 고체

지진학의 2단계는 고체 매체 내에서의 음파의 전파에 관한 물리적 이론을 적용하여 관측된 지진 자료의 주요 특성을 설명하는 것이었다. 이 연구를 주도한 연구자의 한 사람이 바로 베게너의 대륙이동설을 강하게 반대한 영국의 응용수학자 제프리스였다. 이들의 연구는 압축파(compression wave)인 P파와는 달리 전단파(shear wave)인 S파는 액체 상태를 통과할 수 없다는 기본적 특성을 밝혀주었으며, 이로부터 레만이 핵의 내부(내핵)는 고체인 반면 외부(외핵)는 액체라는 주장을 펼 수 있었던 것이다.

또한 외핵을 제외한 다른 곳에서는 S파가 자유롭게 전파될 수 있다는 사실은 하시라도 작열하는 마그마를 솟아오르게 하는 액체 상태의 맨틀이 우리 발밑에 존재할지도 모른다는 의구심을 일축시켰다. 즉 지구 내부의 대부분은 '움직일 수 없는' 고체 상태로 되어 있다는 것이다. 지구물리학자들은 이런 탄탄한 이론적 배경을 가진 지진학으로 무장되어 있었기 때문에, 앞서 살펴보았던 베게너의 생각을 받아들일 수 없었던 것은 어쩌면 당연한 일이었다고 할 수 있다. 그러나 다음에 살펴볼 것처럼 수십 년이 지난 1960년대에 이르러 바다의 탐구를 통해 이를 극복할 수 있는 결정적 계기가 만들어지게 되었다.

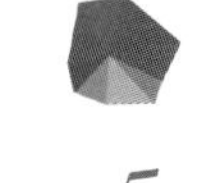

5.
확장되는 해저

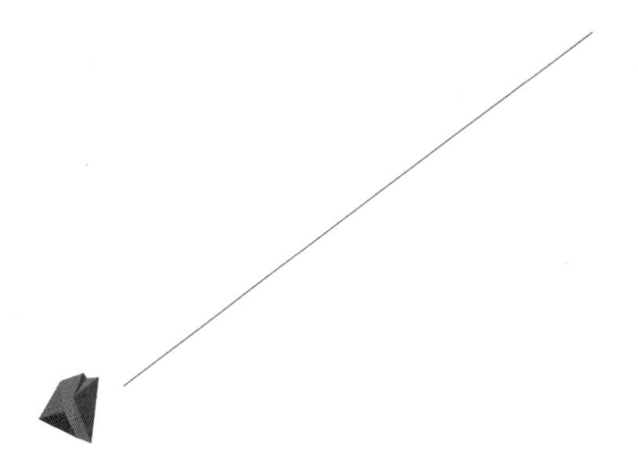

1968년 7월 20일, 해저 퇴적물과 해양 지각을 뚫을 수 있는 특별한 시추 장비를 갖춘 연구선 글로머 챌린저(Glomar Challenger) 호가 미국 텍사스(Texas)를 출발하여 남대서양을 향한 역사적인 처녀 항해를 시작하였다. 이것은 몇 년 전 영국 케임브리지대학교의 매튜스(Drummond Hoyle Mathews, 1931~1997)와 바인(Frederick John Vine, 1939~)이 제안한 엄청난 '해저확장설(seafloor spreading theory)'을 검증하기 위한 중요한 항해였다. 이 배경을 이해하기 위해서는 먼저 해저 탐사에 관해 살펴보아야 한다.

19세기 이전까지도 지표면의 70% 이상을 차지하는 바닷속은 알려진 것이 거의 없는 상상의 영역이었다. 바닷속에 대한 궁금증을 풀어줄 유일한 방법은 바다 곳곳의 수심을 재어 보는 것이었다.

추가 달린 줄 내리기

앞에서도 잠깐 설명했던 것처럼 바닷속 수심을 재기 위해 처음 이용된 방법은 무거운 추를 매달아 바닥에 닿을 까지 줄을 내린 후 그 줄의 길이를 재는 것이었다. 이 방법은 당연히 수심이 얕은 곳에 제한될 수밖에 없었으며, 엉키지 않게 줄을 바닥까지 내렸다가 감아올리는 것도 결코 쉬운 일이 아니었다. 또한 내리는 줄 자체의 무게 때문에 추가 언제 바닥에 닿았는지를 알아차리는 것도 쉽지 않았다.

이런 방법이 심해에 응용될 수 있게 된 것은 강한 피아노 줄을 이용하면서부터였다. 그렇지만 이런 특수 시설을 갖춘 최초의 수심측량선인 미국 해군의 투스카로라(Tuscarora) 호의 1874년 6월 17일 관측 보고서에 따르면 약 7,970미터(4,356패텀, fathom)에 이르는 수심을 측정하는 데 2시간 40여 분이나 걸렸다고 기록되어 있는 것을 볼 때 수심을 재는 것이 여전히 쉽지 않았다는 것을 알 수 있다. 수심을 재는 것이 이렇게 어려운 일이었음에도 불구하고 당시 이런 힘든 작업을 마다하지 않은 이유는 경제적인 이해관계가 걸려 있는 유럽과 미국 간의 대서양 해저 통신망 설치에 수심 자료가 절대적으로 필요하였기 때문이다. 그런데 1912년에 이런 지루한 상황에 결정적인 변화를 주는 사건이 발생하였다. 바로 타이타닉(Titanic) 호 사건이다.

최초의 심해 수심측량선으로 태평양 수심 측정에 종사하였던 미국 해군의 U.S.S. 투스카로라(Tuscarora) 호의 모습

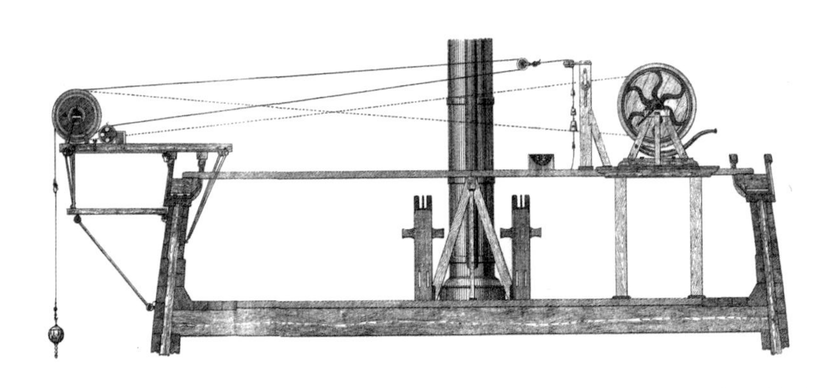

선교(flying bridge)에 설치되었던 피아노 줄이 감긴 수심 측정장비

소나의 출현

타이타닉 호의 사고는 배 주변에 빙산과 같은 물체가 있을 경우 이를 탐지할 수 있는 기술의 상업적 필요성을 증대시켰다. 사건 발생 2년 후 페센덴(Reginald Fessenden, 1866~1932)이 음파를 이용한 감지장치의 개발에 성공하였는데, 이것이 바로 잠수함 영화 등을 통해서 우리에게도 알려진 음향표정장비인 소나(SONAR)이다. 수중의 음속에 대해서는 이미 1826년에 스위스의 콜라돈(Jean-Daniel Colladon, 1802~1893)이 제네바 호수에서 측정한 자료가 있었다. 약 16킬로미터 떨어진 곳에서 플래시가 터지는 것과 동시에 만들어진 종소리가 물속을 통하여 자신에게 들릴 때까지 약 10초가 걸린 측정 결과를 이용하여 8℃의 물의 음속이 초속 1,435미터임을 알아낸 것이다. 이것은 오늘날의 값과 비교할 때 약 3미터의 오차밖에 나지 않는 비교적 정확한 값이다.

이후 음파를 수평이 아니라 수직 방향으로 보내 평균 초속 1,500미

1826년 스위스의 콜라돈이 제네바 호수에서 수행한 음속측정실험(출처: Physics Today, Oct. 2004)

터 정도의 음파가 해저에 부딪힌 후 다시 배로 돌아올 때까지의 시간을 재면 수심을 측정할 수 있다는 것을 알게 되었다. 그리고 이 장치(Echo sounder)가 개발됨으로써 수심 측정의 획기적 혁신이 이루어지게 되었다. 정밀측심기록계(PDR)는 항해 중인 배에서 음파를 주기적으로 해저로 발사하고 이들이 해저에서 반사되어 배까지 돌아오는 데 걸리는 시간을 연속적으로 측정하는 기록하는 장치인데, 이 시간은 수심에 비례하므로 이 기록은 항로상의 연속적 해저 단면의 모습을 나타내게 된다.

다양한 모습의 해저 지형

1960년대에 이르러 여러 장비를 응용한 해저 탐사를 통해 서서히 전 지구적 해저 지형도가 완성되기 시작하였다. 그런데 평평할 것이라고 생각하였던 종래의 생각과는 판이하게 바닷속은 오히려 육지보다 더 복잡한 모습을 띠고 있었다. 대양 전체에 걸쳐 이어져 있는 해저 산맥들, 특히 태평양 가장자리에 발달한 깊은 해구들, 그

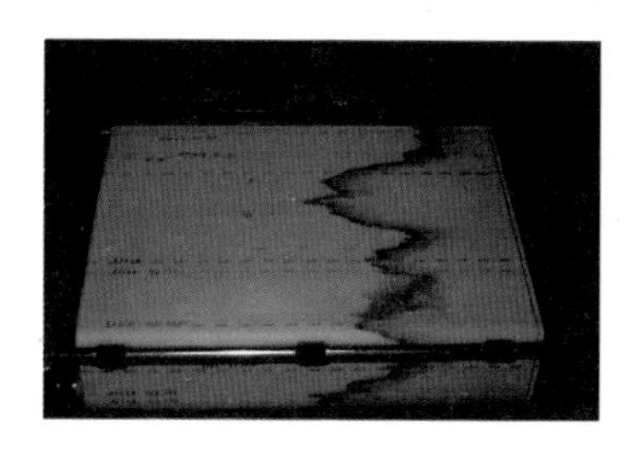

PDR(정밀측심기록계) 기록지. 굴곡이 있는 지형을 지나가고 있는 모습을 잘 보여 주고 있다.

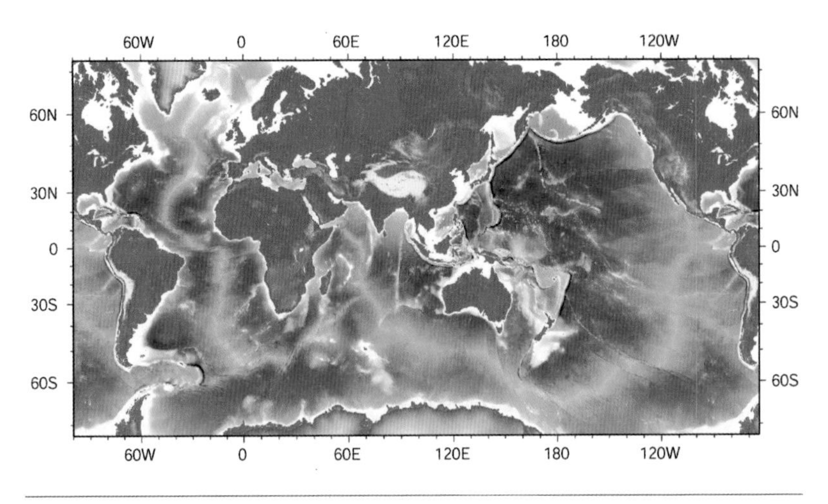

가용한 자료들을 모두 동원하여 만든 지구의 지형도. 수심 자료에는 인공위성을 통해 얻는 해저 지형의 자료도 포함되어 있다.(출처: Wessel, P. and W. H. F. Smith, 'Generic Mapping Tools (GMT)', http://gmt.soest.hawaii.edu)

리고 많은 해저의 산들이 복잡한 모습을 보여 주고 있는 것이었다. 오늘날에는 인공위성을 통하여 더욱 정확한 해저 지형도가 만들어져 해저의 복잡한 모습을 확인할 수 있다. 왜 해저는 이런 복잡한 모양을 하고 있을까?

지구가 들려주는 시

1962년은 왓슨(James Watson, 1928~)과 크릭(Francis Crick, 1916~2004)이 노벨생리의학상을 수상하며 분자생명과학의

지평을 여는 분수령이 된 해이다. 바로 그해 지구과학 분야에서도 판구조론에 좀 더 다가서는 중요한 전기가 마련되었다. 프린스턴대학교의 헤스(Harry Hess, 1906~1969)가 판구조론 확립 과정에서 중요한 연구의 하나로 꼽히는 논문인 「해양저의 역사(History of Ocean Basins)」를 발표한 것이다. 헤스는 제2차 세계대전에 참전하였는데, 당시 자신이 담당하고 있던 수송선의 수심 측정장치를 통해 바다에는 깊은 계곡과 산맥이 존재하며 화산섬들이 널려 있는 매우 복잡한 지형이 있다는 것을 발견하였다. 이 논문에서 헤스는 다음과 같은 놀라운 이론을 제시하였다.

> 해저 산맥은 지구 내부로부터 용암(magma)이 올라와 식으면서 새로운 해양 지각이 만들어지는 곳이며, 이 해양 지각은 마치 컨베이어벨트와 같이 시간에 따라 해저 산맥의 정상에서 계속해서 멀어져 가 수백만 년이 지나면 결국은 깊은 해구에 도달하여 지구 내부로 다시 가라앉는다.

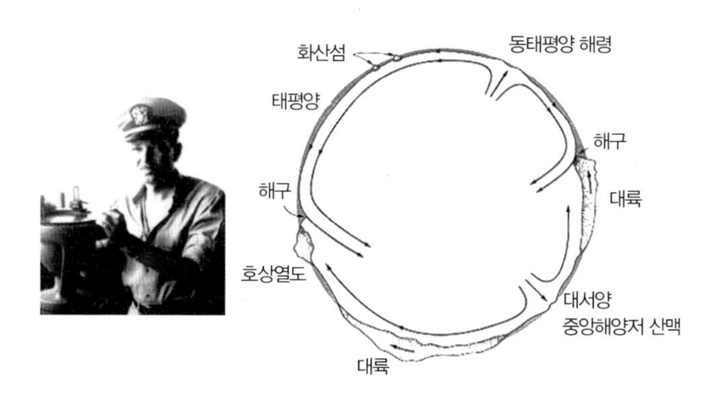

해군 장교 시절의 헤스와 1962년 그가 제안하였던 해저 산맥과 해구의 형성 과정을 보여 주는 모식도

이런 일이 과연 일어날 수 있을까? 당시 많은 지구과학자들은 이에 대하여 회의적인 생각을 가지고 있었는데, 전혀 다른 방면의 연구에서 이 이론을 지지하는 힌트가 제시되게 된다.

얼룩말 자기 줄무늬(magnetic striping)의 비밀

1950년대에는 여러 가지 새로운 해양 연구가 시작되었는데, 그 중의 하나가 해저 암석들의 자기장에 관한 연구였다. 탐사에 이용된 자력계(magnetometer)는 비행기에서 잠수함을 탐지하기 위해 제2차 세계대전 중에 개발된 장비를 개조한 것이었다. 해양저를 가로지르며 해양 조사를 할 때는 의례히 자기장을 측정하였는데, 이때 해저 산맥의 주변에서 자기장이 이상하게 변화하는 것이 발견되기 시작한 것이다.

물론 이런 변화를 예측하였던 것은 아니지만, 그렇다고 그리 놀랄 일도 아니었다. 해양 지각을 이루는 현무암(basalt)에는 강자성의 광물(magnetite, 자철광)이 포함되어 있으며 이들이 나침반의 방향을 국지적으로 변화시킬 수 있다는 것은 이미 잘 알려진 사실이었기 때문이다. 육상에서의 이상 자기 현상은 암석 내에 자성을 띠고 있는 광물이 국지적으로 모여 있기 때문에 나타나는 현상으로서 그 분포가 매우 불규칙하였으며, 이런 조사는 철광상을 찾을 때 통상적으로 이용되어 온 방법이었다.

다만 해저 산맥의 주변에서는 특이하게도 자기장의 분포가 어떤 규칙

자력계(중앙에 보이는 검은색 장비)를 배에서 내리고 있는 연구자들. 필자의 지도교수였던 크레익 교수가 왼쪽에 보인다. © 2015 krk

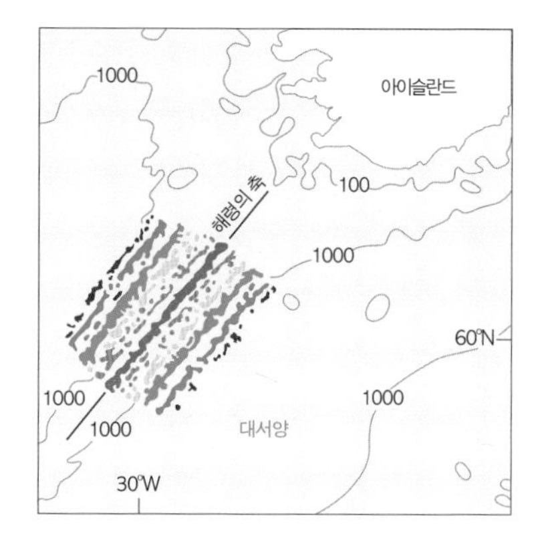

대서양 아이슬란드 근처의 중앙해령에서 발견된 얼룩말 줄무늬 모양의 지구 자기 기록

성을 가진 것처럼 나타나고 있었다. 이어 보다 넓은 지역에서 진행된 탐사의 결과 해저의 자기가 마치 얼룩말의 줄무늬 모습을 나타내고 있는 것이 발견되었다. 더욱이 이 무늬는 해저 산맥을 가운데 두고 양쪽으로 정상 자기(normal polarity)를 가진 암석과 역전 자기(reversed polarity)를 가진 암석이 서로 반복되어 줄무늬의 띠 모양으로 정렬되어 있었다. 이런 규칙적인 줄무늬의 의미는 과연 무엇일까?

인도양의 탐사에서 얻은 힌트

1962년 당시, 케임브리지대학교의 불러드 경(Sir Edward Bullard, 1907~1980) 팀에서 막 대학원 과정을 시작한 바인과 1961년 학위를 받고 대학의 연구원으로 합류한 매튜스는 인도양 탐사에 참가하고 있었다. 이 탐사의 주요 연구 내용은 물론 해저 암석들의 자기 성질을 관측하는 것이었다. 여기에서도 이미 대서양 등에서 관측되었던 얼룩말 줄무늬 모습이 관측되고 있었는데, 특히 바인이 주목한 것은 이 지역에서도 줄무늬 방향이 해저 산맥의 방향과 나란하며, 줄무늬 패턴이 산맥의 정상을 기준 축으로 하여 양쪽으로 서로 대칭인 모습을 보이는 것이었다.

그런데 이들에게는 금과옥조로 여기는 지침서가 하나 있었다. 바로 헤스가 얼마 전 발표한 해양저의 역사에 관한 논문이었다. 또한 이들은 이미 지구물리학계에 큰 논란을 일으킨 두 가지 가설에 대해서도 잘 알고 있었다. 하나는 육상 암석들의 지구 자기 연구를 통하여 제시된 가설로서 지난 수천만 년 동안에 지구의 자기가 남북의 방향을 계속 바꾸어 왔다는 것이며(연구에 의하면 지구가 오늘날의 자기장 – 브뤼느 정상 – 을 갖게 된 것은 약 70만 년 전이며, 그 이전 180만 년간은 역전 자기 – 마쯔야마 역전 – 를 가지고 있었다고 한다.), 또 다른 하나는 많은 과학자들이 이미 폐기 처분한 베게너의 대륙이동설로서 대륙이 갈라져 서로 멀어지면서 그 사이에 바다가 생겼다는 것이었다. 바인과 매튜스는 이 둘을 하나로 합치면 자신들이 관측한 줄무늬 패턴의 자기 자료를 잘 설명할 수 있다는 것을 알게 되었다.

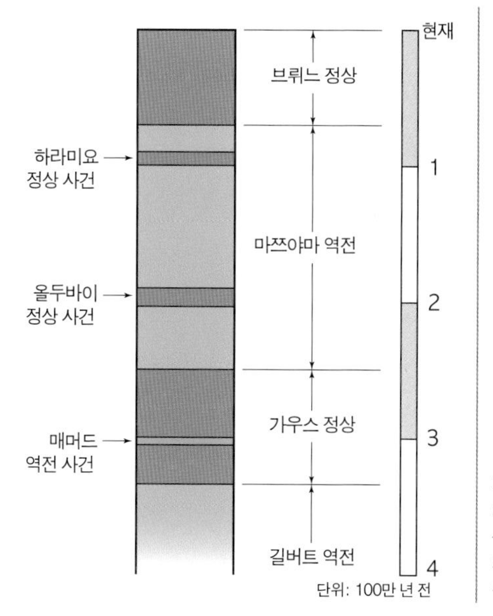

지난 수백만 년 동안 지구 자기장의 극성이 변해 온 모습을 보여 주는 도표. 형성된 시기를 아는 용암의 자기 극성을 결정하여 만들어진 것이다.

바다가 확장되고 있다: 해저확장설

"대륙이 갈라지면서 만들어지는 바다 중앙의 해저 산맥에서 용암이 밑으로부터 올라와 식으면서 새로운 암석들이 만들어질 때 이들은 당시의 지구 자기의 방향에 따라 자화될 것이다. 어느 정도의 시간이 지난 후 지구의 자기가 바뀌면 이때부터 새롭게 만들어지는 해양 지각은 반대 방향의 자성을 가지게 될 것이다. 이렇게 해저 산맥에서 새로운 해양 지각이 계속 만들어지면 이들 암석의 자기 성질은 반복적으로 바뀌게 되며, 얼룩말 줄무늬를 보이는 해양 지각의 자기적 성질을 잘 설명할 수 있다."

바인과 매튜스는 1963년에 이러한 획기적인 생각을 발표하였으나 당시에는 별다른 지지를 받지 못하였다. 그러나 1966년 바인은 이미 육상의 고지자기 연구를 통하여 규명된 지자기의 반전 시기들을 이용하여 해저가 매년 수센티미터 정도의 일정한 속도로 확장되고 있다는 것을 가정하고 해양저가 보여 줄 자기 성질을 이론적으로 계산하여 이를 실

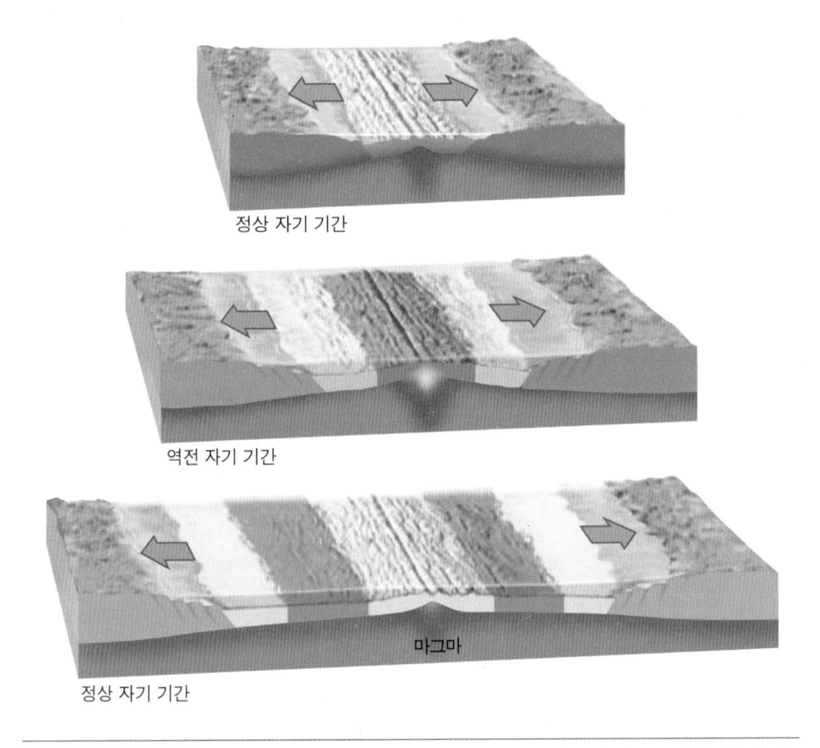

매튜스와 바인이 해저확장 개념을 도입하면서 생각한 지구 자기 기록 방법 및 이를 통해서 만들어지는 얼룩말 줄무늬의 모습. 줄무늬의 경계는 지구 자기의 방향이 바뀐 시기를 나타낸다.

측치와 비교하였더니 비교적 잘 일치하는 것을 발견하였다. 바인은 이를 미국지질학회에 발표하였으며, 이로써 해저확장설은 본격적으로 과학자들 사이에서 논의의 대상으로 자리를 잡게 되었다.

해저확장설이 맞는지 아닌지를 확실히 검증할 수 있는 방법이 있었는데, 해저 산맥을 가로지르며 해양저 시료들을 채취하여 이들의 연령을 측정하고, 과연 해저 산맥에서 멀어지면서 점점 오래된 연령을 보이고 있는지, 또한 이 지자기가 반전되는 줄무늬의 폭과 지구 자기의 반전의 역사가 시간적으로 과연 일치하는지를 확인하는 것이었다. 이를 완성시켜 준 것이 바로 1968년 시작된 해양저 시추 계획인 JOIDES(Joint Oceanographic Institutions for Deep Earth Sampling) 프로그램이었다.

심해저시추사업(DSDP, Deep Sea Drilling Project)이 입증한 해저확장설

앞에서 살펴본 것처럼 모호(모호로비치 불연속대)는 지각과 맨틀을 경계 짓는 면으로, 해저에서는 약 5킬로미터, 육상에서는 지하 수십 킬로미터 정도의 깊이에 위치하고 있다. 1950년대가 되면서 미국의 몇몇 과학자들은 해양저를 뚫으면 비교적 쉽게 모호에 도달할 수 있으며, 모호의 특성과 맨틀 구성 암석의 성질에 대한 중요한 정보를 얻을 수 있으리라고 생각하였다. 이들을 중심으로 '모홀'이라고 명명된 프로젝트가 시작되었는데, 이 프로젝트의 현실성에 많은 의심이 있었음에도 불구하고 당시 미국 정부 예산 분야의 실력자 토머스(Albert

Thomas)의 적극적인 후원으로 프로젝트가 실행되었다. 그러나 결국 몇 개의 구멍을 수백 미터 정도까지 뚫은 것을 끝으로 이 프로젝트는 중도에 막을 내렸다. 소요되는 막대한 예산이나 인력을 뒷받침할 이론적인 당위성이 제시되지 못하였기 때문이었다. 그러나 얼마 지나지 않아 닻을 내리지 않고도 일정한 위치를 유지하며 한곳에 구멍을 계속 뚫을 수 있는 기술(dynamic positioning system)이 개발되었다.

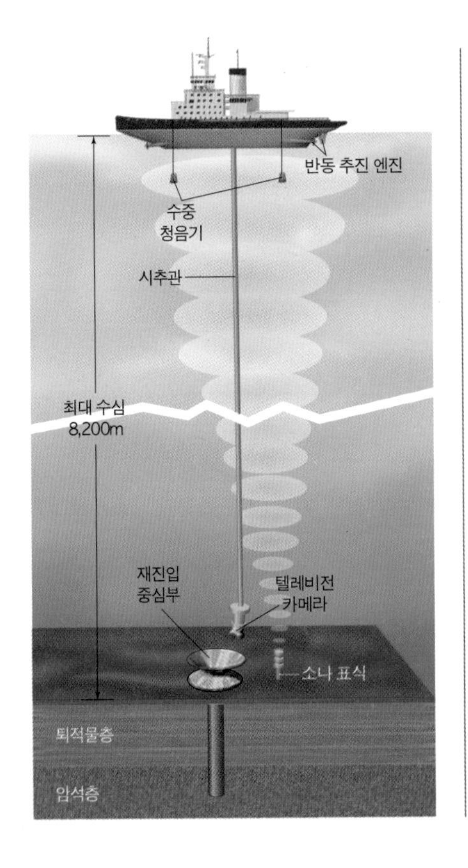

음파를 이용하여 이전에 한 번 시추를 하였던 해저 시추공을 찾아가 다시 시추를 계속할 수 있는 시추선의 특수 기능을 보여 주는 모식도

해저확장설의 증명에 중요한 기여를 한 DSDP 계획의 탐사선 글로머 챌린저 호

1960년대 들어 해양저 시추 계획이 다시 논의되자, 과학자들은 앞서의 '모홀' 프로젝트보다는 좀 더 실행 가능한 규모의 계획을 수립하였다. 이때 석유회사들이 해저 석유 개발을 목적으로 제작하기 시작한 석유 탐사선과 기본적으로 같은 개념의 글로머 챌린저호가 만들어졌다. 이 계획은 결국 JOIDES 프로그램으로 승인되었고, 마침내 DSDP(Deep Sea Drilling Project)란 이름으로 1968년 7월 20일 역사적인 첫 항해를 시작하게 되었다. 이 항해의 목적은 해저 산맥을 가로지르며 해저의 시료를 채취하고 이들의 연대를 측정함으로써 해저확장설을 입증할 수 있는 결정적인 증거를 얻는 것으로, 당시의 정황으로는 너무나 당연한 일이었다.

이 처녀 항해의 첫 번째 본격적인 탐사(Leg 3)에서 해저 산맥을 가로지

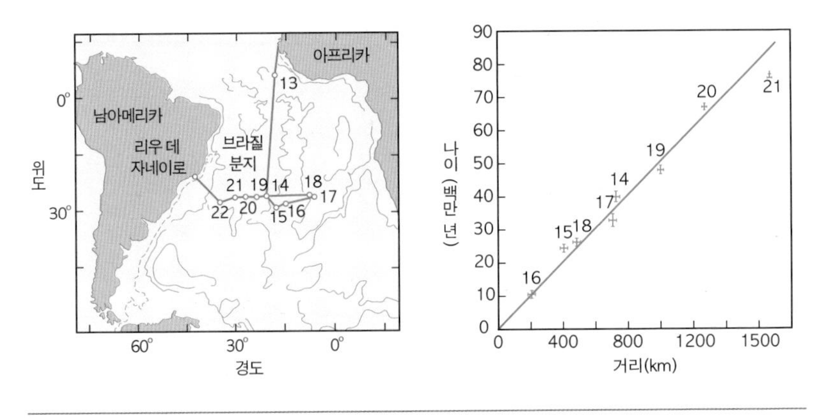

시료가 채취된 지점의 산맥 정상으로부터의 거리와 그 지점의 해양 지각 연령이 보여 주는 직선 관계. 그래프의 숫자들은 시추의 일련 번호를 나타낸다.

르며 10개의 시추 시료가 채취되었다. 그리고 배에 탑승하고 있던 고생물학자들은 채취된 퇴적물들에 포함되어 있는 화석들을 조사하여 각 정점들의 해양 지각의 연대를 추정하였다. 이 결과는 해저 산맥의 정점에서부터의 거리에 비례하여 그 정점의 연대가 선형적으로 증가하고 있음을 분명히 보여 주었다. 바인과 매튜스가 주장한 것처럼 해저가 확장되고 있었던 것이다.

6. 지구물리학자들이 찍어 준 마지막 도장

판구조론으로 들어가는 문턱에서 마지막 걸음을 내딛게 해 준 것은 바로 베게너의 생각에 강한 반대를 하였던 지구물리학자들이었다.

LTBT (Limited Test Ban Treaty)

1949년 8월 미국을 당혹스럽게 하는 사건이 발생하였다. 핵무기 독점 개발에 열을 올리던 미국의 예상을 깨고 소련이 원자폭탄 실험에 성공한 것이다. 이어 1950년 2월, 미국의 원자폭탄 개발에 관계하였던 영국의 핵물리학자 푹스(Klaus Fuchs)가 원폭 기밀 제공 혐의로 영국에서 체포되었고, 미국의 첩보요원 골드(Harry Gold)와 로스 알라모스에서 근무하던 육군 중사 그린글래스(David Greenglass)가 체포되었다. 그리고 그린글래스의 진술에 의해 그의 매형 로젠버그(Ethel Greenglass Rosenberg)와 그의 부인이 연행되었다. 이들 부부를 통해 핵 기밀이 뉴욕 주재의 소련 부영사에게 전달되었다는 혐의였다. 1951년 3월 재판이 시작되었고, 이들 부부는 혐의를 부인하였으나 그린글래스의 증언만을 거의 유일한 근거로 하여 4월 5일 사형 선고가 내려졌다. 그러자 세계의 여론은 비난을 쏟아냈으며, 교황을 비롯해 아인슈타인, 러셀, 사르트르 등 세계의 지성들이 아이젠하워 미국 대통령에게 항의 서한을 보내는 등 구명을 위한 탄원 활동을 벌였다. 그러나 1953년 6월 19일에 이들은 뉴욕의 한 형무소에서 전기의자에 앉아 세상을 떠났다.

당시 FBI의 후버 국장은 이 사건을 '세기의 범죄'라고 규탄하였으며 담당 판사는 "이들의 배반으로 인류의 역사가 바뀌었다."라고 주장하였다. 이 사건은 냉전이 고조되며 미국 내에서 일어나고 있던 마녀사냥식 공산주의자 색출이라는 매카시즘의 영향을 받은 탓도 일부 있다. 이 사건은 드레퓌스 사건 이후 서방 세계를 들끓게 한 또 하나의 사건으로, 아직까지도 그 실체가 정확히 밝혀지지 않은 불행한 사건으로 꼽힌다. 이를 시작으로 미국과 소련이 경쟁적으로 핵무기 개발에 열을 올린 것은 말할 것도 없다.

미국과 소련이 핵무기 개발을 어느 정도 마무리할 수 있게 된 1963년에 이르러 대기권, 수중 및 우주 공간에서의 핵실험을 금지하는 LTBT(Limited Test Ban Treaty)에 116개 국가가 서명하면서, 대기권 핵실험은 지하 핵실험으로 전환되었다. 그리고 1974년에는 TTBT(Threshold Test Ban Treaty)를 통해 150킬로톤 이상 되는 핵폭탄의 실험이 금지되었다.(물론 1970년대, 1980년대에도 중국, 프랑스가 일부 대기권 실험을 진행하기는 하였다.) 이제 미국과 소련은 서로 상대방이 지하에서 하는 핵실험을 감지할 필요가 생긴 것이다.

이렇게 지하 핵실험을 감시하는 것이 하나의 중요한 목표가 되어 전지구표준지진관측망이라고 불린 대규모 지진관측망이 전 지구적으로 설치되었다. 아마 과학자들이 순수한 과학적 목적으로 관측망 설치를 위한 재정적 지원을 정부에 신청하였다면, 그 시간이 얼마나 걸렸을지 모를 일이 순식간에 가능해진 것이다. 이를 통해서 부수적으로 얻어진 자

1945년 7월 16일 미국 뉴멕시코 앨러머고도에서 세계 최초로 수행된 대기권 핵폭탄 실험

세계 각국에서 한 핵실험을 연대순으로 보여 주는 도표. 1962년 이후 대기권 핵실험이 중단되고 지하 핵실험으로 이동한 것을 보여 준다. 이런 변화를 가져온 LTBT에 조인하는 미국 케네디 대통령

연 지진에 관한 정보는 지구과학자들에게는 너무나도 값진 귀한 선물이 되었다.

지진파가 알려준 지구의 구조

1960년대에 이르러 지진학자들은 이런 관측망 덕분에 세계적으로 어느 곳에서 지진이 일어나고 있는지 알 수 있게

지진이 일어나는 진앙지를 보여 주는 지도. 지진이 일정한 선을 따라 발생하고 있는 것이 분명히 드러나 있다.

되었고, 이를 정확한 지도로 작성할 수 있게 되었다. 지진 분포 지도가 보여 주는 분명한 메세지는 지진이 아무 곳에서나 일어나는 것이 아니라 하나의 선을 따라 분포되어 있다는 것이었다. 더욱이 이 선들은 서서히 밝혀지기 시작한 바다 밑 해저 산맥이나 깊은 해구에 해당하는 지역이었다. 1960년대 초 헤스가 예측하였던 새로운 해양 지각이 만들어지는 해저 산맥의 정상부와 해양 지각이 다시 맨틀로 가라앉는 해구 지역을 분명히 짚어준 것이었다.

지진이 만들어 내는 지진파가 지구 내부, 즉 지각, 맨틀 및 핵 등의 층 구조에서 이동하는 모습을 자세히 관찰하던 지구물리학자들은 지각과 최상부 맨틀을 포함하는 약 100킬로미터 두께의 암석권은 매우 단단한 구조를 가지고 있으나, 그 밑에는 연약권이라고 불리는 힘을 받으면 '움직일 수 있는' 층이 있다는 것을 알게 되었다. 지구 내부가 '단단한 고체'로 되어 있다고 믿으며 베게너의 생각에 강력하게 반대했던 지구물리학

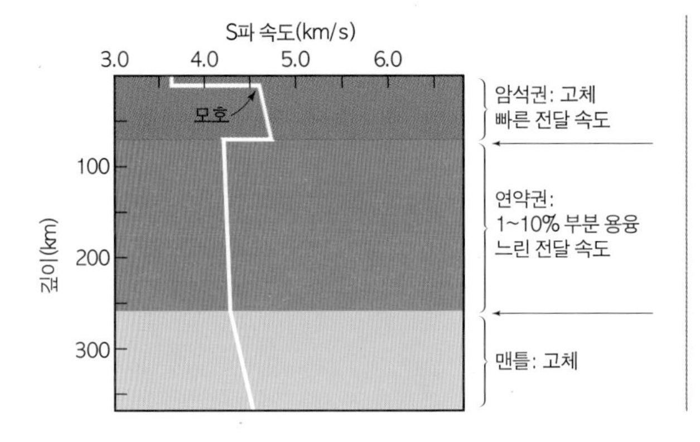

지구 내부의 구조. 상부 맨틀 약 100킬로미터 깊이에 힘을 받으면 움직일 수 있는 유동성을 가진 연약권이 있다.

자들이 이번에는 지구 내부에 '움직일 수 있는' 연약권이 있다는 결론을 내리면서 50여 년 전 베게너를 괴롭혔던 대륙 이동의 문제를 해결하는 결정적 계기를 마련해 준 것이다.

판구조론의 탄생

베게너가 주장한 대륙의 이동이나 매튜스와 바인이 생각한 해저의 움직임 정도가 아니었다. 이보다 훨씬 두껍게 지각과 상부 맨틀의 일부를 포함하는 100킬로미터 정도 두께의 판이 실제로 움직이고 있으며, 대륙이나 바다(해양 지각)는 단지 이렇게 움직이는 '암석권'이라는 이름의 거대한 뗏목(판)에 얹혀 함께 움직이는 뗏목의 손님일 뿐이었다.

이런 사실들이 종합되면서 1960년대 후반에 이르러 다음과 같은 내용을 주요 골자로 하는 판구조론이 46억 년이나 되는 늙은 지구를 보는 새로운 눈으로 등장하게 된다.

- 지구의 약 100킬로미터 두께의 표층(암석권, lithosphere)은 해저 산맥, 해구 등을 경계로 하는 10여 개의 조각(판, Plate)으로 나뉘어져 있으며, 이들은 서로 상대적인 운동을 한다.
- 판들의 경계는 지질학적으로 불안정하며, 이 지역에서 지진이 발생한다.

판구조론에 의하면 해저 산맥은 지구 내부에서 올라온 물질이 새로운 해양 지각을 만드는 곳이며, 해구는 밀려간 판이 다른 판의 경계에서

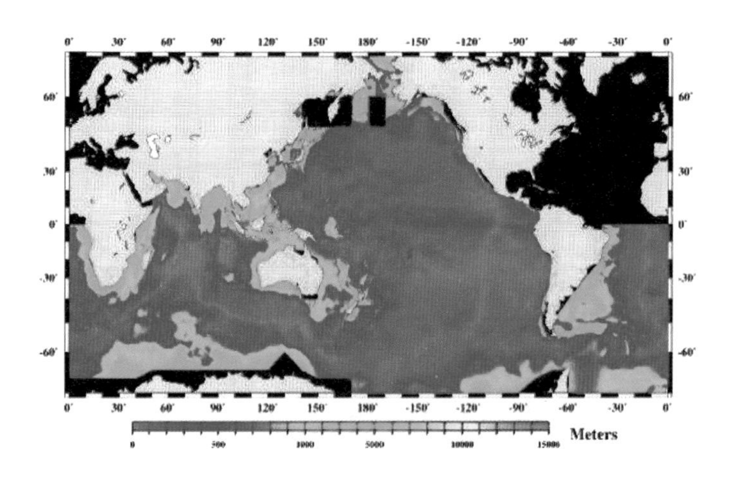

대양저에 쌓여 있는 퇴적물의 두께. 해저 산맥에서 멀어짐에 따라 그 층이 점점 두꺼워지지만(보라색→청색→녹색) 멀리 떨어진 곳에서도 그 두께가 그리 두껍지 않아, 이들이 섭입대에서 지구 내부로 다시 들어가 파괴되고 있음을 분명히 보여 주고 있다.

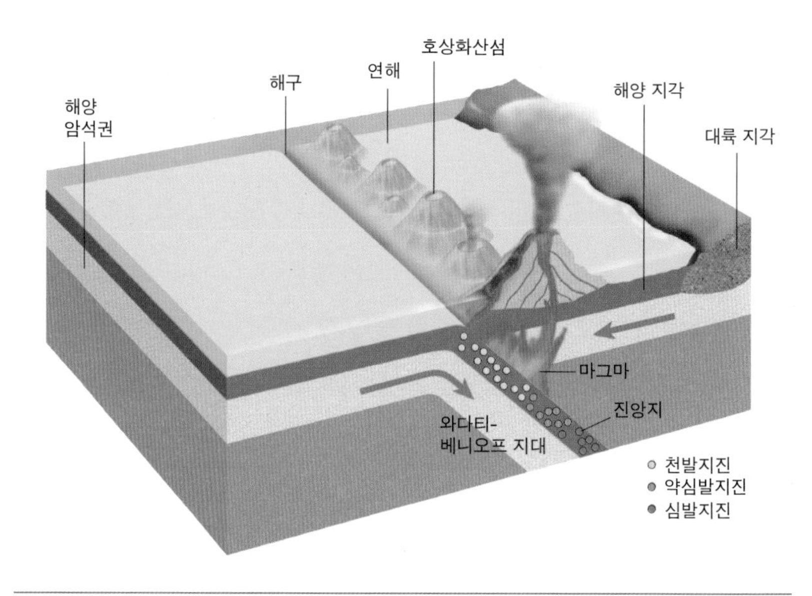

수평에서 40~60도 정도 기울어져 해구에 평행하게 지구 내부로 수백 킬로미터 정도까지 지진 지역이 연장되는 와다티-베니오프대의 구조를 보여 주는 모식도

지구 내부로 들어가며(섭입) 파괴되는 곳에 해당한다. 실은 이미 1920년대에 지진학자들은 수평에서 40~60도 정도 기울어져 해구에 평행하게 지구 내부로 수백 킬로미터 정도까지 지진 지역이 연장되는 것을 발견하였다. 이들 지역을 이러한 연구에 크게 기여한 일본의 와다티(Kiyoo Wadati)와 미국의 베니오프(Hugo Benioff)를 기념하여 와다티-베니오프대, 혹은 줄여서 베니오프대라고 부르는데, 이 베니오프대가 바로 섭입 과정의 결과로 나타나는 것임을 이해하게 된 것이다.

더 많은 증거들:
늙은 대륙 지각 vs. 젊은 해양 지각

동적인 지구에서 만들어진 암석이 처음 그대로 남아 있기는 어려울 것이다. 그러면 46억 년의 지구 역사를 통해 만들어진 암석들 중 가장 오래된 암석은 얼마나 오래되었을까? 캐나다, 오스트레일리아, 아프리카 등지에서 꽤 오래된 암석이 발견되었는데, 특히 캐나다에서 발견된 암석은 놀랍게도 약 40억 년 전에 만들어진 것으로 추정된다. 이렇게 육지에는 때때로 지구 역사와 비슷할 정도로 오래 전에 만들어진 암석들이 아직도 남아 있다. 이와는 대조적으로 바다에서는 그 나이가 아주 오래된 것이라도 1억 년을 크게 넘지 않는 젊은 암석들만 발견된다. 왜 이런 차이가 나는 것일까?

판구조론은 이런 차이를 명쾌하게 설명해 준다. 해양 지각 연대는 해저산맥에서는 거의 0(zero)이며, 여기에서 멀어질수록 점점 증가하기는 하지만 아무리 오래되었어도 1억 년을 크게 넘지 않는다. 이는 해구와 같은 지역에서 지구 내부로 물질이 다시 섭입하면서 파괴되는 과정이 진행되고 있음을 확인시켜 주는 것이다.

지구 나이와 견주어 볼 때, 1,000년에 수센티미터 정도의 속도로 쌓여가는 해저 퇴적물들의 두께가 그리 두껍지 않은 것도 설명하기 쉽지 않은 해양 탐사 자료 중 하나였다. 그 이유도 바로 해구에서 다시 지구 속으로 섭입되어 들어가면서 파괴되기 때문이었다. 판구조론을 더욱 분명히 확인시켜 준 놀라운 사실은 1970년대에 이르러 과학자들이 사용할 수 있게 된 잠수정을 통하여 얻은 해저 탐사 결과였다.

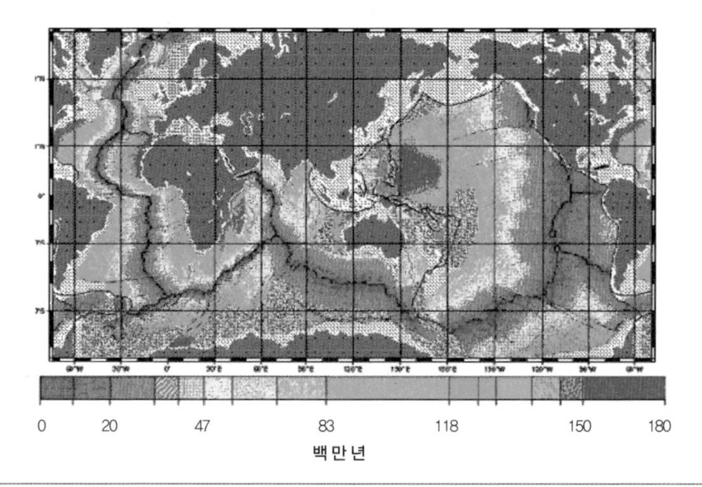

해양 지각의 나이. 해저 산맥에서 멀어질수록 점점 나이가 증가하지만 오래된 해양 지각도 1억 년을 크게 넘지 않아 지구 내부로의 섭입 과정을 통한 파괴 작용이 끊임없이 일어나고 있음을 말해 주고 있다.(출처 : R. Mueller 외)

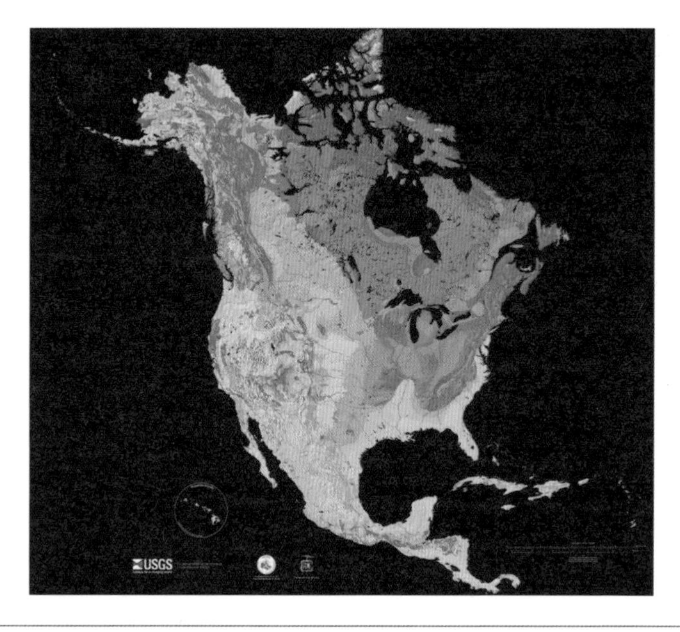

북아메리카 대륙에서 발견되는 암석들의 나이를 보여 주는 지도. 지도에서 붉은색과 분홍색으로 나타낸 암석이 대략 25억 년에서 40억 년 사이의 나이를 가진 암석들이다.

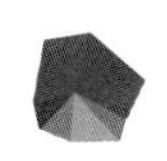

7.
해저 온천: 심해저의 오아시스

1828년 프랑스 낭트에서 태어나 공상과학(scientific fiction) 소설이라는 새로운 문학의 장르를 열었던 공상가 쥘 베른은 그의 소설 『달나라 탐험』과 『해저 2만리』 등의 작품을 통해 자신의 꿈을 소개하였다. 그리고 인류는 1세기 정도가 지난 20세기 후반에 이르러 그의 꿈을 현실로 만들어냈다.

여기에서 질문 하나!

지구 반지름의 60배인 38만 4,400킬로미터나 되는 먼 거리를 날아 달에 무사히 도달하여 그 표면을 걸어 다니고 싶다던 꿈과 잠수함을 타고 깊은 바다의 해저를 마음껏 돌아다니며 해저의 신비를 즐기고 싶다던 꿈 중 어느 것이 먼저 실현되었을까? 답은 놀랍게도 불과 2,600미터 정도의 수심에 감추어져 있던 '바다의 신비'를 발견하기에 앞서 달 표면에 첫발을 내딛었다는 것이다. 여기에서 말한 바다의 신비란 바로 이번 장의 주제인 해저 온천이다.

미지를 향한 인류의 꿈

쥘 베른보다 훨씬 앞서 인류 최초로 공상과학 소설을 쓴 작가는 시리아의 루치안(Lucian of Samosata, 125~180)이다. 그는 2세기경 『참된 역사(True History)』에서 달로의 여행을 기술하였다. 이로부터 1,800여 년이 지난 1957년 10월 4일 구소련이 발사한 인공위성 스푸트니크 1호(Sputnik 1)가 최초로 지구 궤도 진입에 성공하면서 우주 시대가 열렸고, 마침내 1969년 7월 암스트롱(Neil Alden Armstrong)이 아폴로 11호(Apollo 11)를 타고 달에 도착하여 첫 번째 발자국을 달에 남기게 된다.(물론 여기에는 과학적 목적 이외에 구소련보다 앞서 사람을 달에 보내겠다는 미국의 정치적 동기가 크게 작용하였다.)

반면 바다는 우리에게 꽤 친숙한 것 같으면서도 알려진 것이 거의 없는 미개척의 영역이었다. 쥘 베른이 1869년부터 발표하기 시작한 『해저 2만리』에서의 네모 선장의 모험은 오늘날의 기술로 보면 그다지 신기한 것도 아니다. 그러나 당시로는 상상할 수도 없던 신기술로 제작된 잠수함을 타고 바닷속을 누비고 다니던 네모 선장의 모험은 독자들에게 신비로운 미지의 세계에 대한 동경심을 심어주었다. 이때는 아직 바다가

쥘 베른이 1869년부터 발표하기 시작하였던 『해저 2만리』의 1871년판 표지

얼마나 깊은지조차 제대로 알려져 있지 않았던 시절이었다.

여러 탐험가와 연구자들에 의해서 바닷속 신비가 조금씩 밝혀지고는 있었지만, 여전히 바다는 미지의 영역이었다. 그런데 1977년 태평양 갈라파고스 근처 해저 2,600미터의 깊이에서 해저 온천이 발견되었다. 달 착륙 후 9년이 지나고 나서였다. 바다를 탐험하고 그 속에 감추어져 있는 비밀을 알아내는 것이 얼마나 어려운 일인가를 단적으로 보여 주는 예이다. 이런 공을 이룩한 장본인은 심해 잠수정 앨빈(ALVIN) 호와 이에 탑승하였던 과학자들이었다.

바다를 향한 꿈을 이루어 준 잠수정 앨빈

1960년대 후반 마침내 판구조론이 확립되면서 지구에 대한 이해에 혁명적인 변화가 일어나기 시작하던 시기에, 과학자들은 획기적인 새 연구 수단을 접하게 된다. 직접 타고 들어가 심해를 관찰하고 자료를 수집할 수 있는 잠수정이 개발된 것이다. 이 연구의 선도 역할을 하였던 우즈홀 해양연구소(WHOI, Woods Hole Oceanographic Institution)의 밸러드(Robert Ballard) 교수는 미국 해군 소속의 심해 잠수정 앨빈을 활용할 수 있었다. 앨빈은 지름 2미터 정도의 타이타늄으로 만든 구(球)에 배 모양의 안정된 구조를 덧붙인 심해 잠수정이었다.

이 심해 잠수정의 이름 앨빈은 1958년 인기를 누렸던 'Alvin and the chipmunk'란 이름의 만화음악그룹에서 유래된 것이다. 이 잠수정을 실현시키는 데 많은 심혈을 기울였던 바인(Allyn Collins Vine, 줄여서 Al Vine)이 'Alvin and the chipmunk'의 캐릭터와 비슷하게 생긴 것 같다고 생각하

심해 탐사정 앨빈(ALVIN)이 기중기에 의하여 모선 아틀란티스 2호(Atlantis II)로 인양되고 있는 모습. © 2015 krk

였던 기술자들이 자신들이 제작하는 잠수정에 'Al Vine'의 이름을 따서 앨빈(Alvin)으로 부르면 어떻겠냐는 제의를 농담 삼아 주변에 전하였다. 그리고 1962년 앨빈이라는 이름이 붙어 있는 잠수정의 모습을 담은 크리스마스 카드를 만들어 주위에 보내면서 자연스럽게 '앨빈'이라는 이름이 정착된 것이다.

앨빈은 당초 군사적 목적으로 제작되었고, 실제로 여러 곳에서 혁혁한 공을 세웠다. 1966년 1월 17일, 네 개의 수소 폭탄을 탑재하고 스페인 상공으로 비행하던 미국 소속 B-52 폭격기가 추락하는 대형 사고가 일어났다. 세 개의 수소 폭탄은 추락 지역 인근을 방사능으로 오염시키기는 하였지만 즉시 발견이 되었다. 문제는 수소 폭탄 1개가 실종된 것이었다. 목격자의 증언으로 볼 때 낙하산을 펼치고 떨어진 수소 폭탄이 지중해 연안의 바닷속으로 가라앉은 것이 틀림없었다. 이에 앨빈이 즉시 스페인으로 공수되어 현장에 투입되었다. 앨빈은 3월 15일 19번째의 잠수를 하면서 마침내 760여 미터 깊이에서 낙하산과 함께 해저에 조용히 가라앉아 있는 수소 폭탄을 발견하는 성가를 올렸다. 미군 역사상 가장 긴 그리고 많은 경비를 소모하였던 탐사 작업을 앨빈이 성공적으로 마무리 지은 것이다.

1970년대 초가 되면서 약 4,000미터까지 잠수할 수 있도록 기능이 개선된 앨빈이 마침내 과학자들에게도 그 문호가 개방되었다. 이후 앨빈은 많은 과학적 업적을 이루었으며, 지금도 활발히 연구에 활용되고 있다. 1912년 처녀 항해 도중 빙산과 충돌하는 불의의 사고로 많은 인명 피해를 냈던 초대형 호화선 타이타닉 호의 잔해를 1985년 대서양 뉴펀

들랜드 인근 해저 3,900미터 지점에서 찾아낸 것도 앨빈의 수많은 공적 중의 하나이다.

바다가 열리는 현장을 보고 싶다

과학자들이 잠수정을 이용해 가장 먼저 보고 싶었던 곳은 말할 것도 없이 지구 내부에서 뜨거운 용암이 솟아올라 식으면서 새로운 해양 지각이 만들어지는 현장으로 알려진 해저 산맥이었다. 1974년 6월 대서양에서 최초의 해저산맥탐사계획(FAMOUS, French-American Mid-Ocean Undersea Survey)이 수행되었고, 미국과 프랑스의 연구자들이 북대서양 해저 산맥을 공동으로 조사하였다. 이 탐사를 통해 새로이 만들어지는 베개 모양의 현무암(pillow basalt)으로 가득한 해저 산맥의 모습이 밝혀지면서 판구조론이 옳음을 현장에서 다시 한 번 확실하게 확

해저 산맥에서 발견된 베게 모양의 현무암 모습. 현무암 덩어리 위에 솟아 있는 작은 현무암은 사진을 찍기 위해 터트린 플래시 빛을 반사하고 있어 아주 최근에 고체로 되었음을 보여 준다. © 2015 krk

인할 수 있었다. 이 발견이 해저 산맥의 신비를 벗겨내는 중요한 계기가 된 것은 분명하였지만, 사람들을 더욱 놀라게 한 것은 3년 뒤인 1977년 2,600미터 깊이의 바닷속에서 처음으로 발견된 해저 온천이었다.

육상의 온천은 오래전부터 사람들에게 잘 알려져 있던 현상이다. 매년 많은 관광객들이 방문하는 미국 와이오밍 주의 옐로스톤 국립공원(Yellowstone National Park)은 대표적인 온천 지역의 하나이다. 약 60만 년 전 이곳에서 있었던 거대한 화산 폭발 후 아직도 지하에 남아 있는 용암에 의해 지하수가 덥혀져 지표면으로 올라와 뜨거운 온천수가 흘러넘치는 샘물, 때때로 뜨거운 온천수를 하늘로 뿜어내는 간헐천과 같은 다양한 모습의 온천, 이런 따뜻한 온천수 주변에 사는 각양각색의 특별한 생물들이 이곳의 장관을 만들어내고 있다. 그런데 이와 유사한 원리로 만들어진 온천이 수심 2,600미터 깊이의 해저에서도 발견된 것이다.

대표적인 온천 지역인 미국 옐로스톤 국립공원에서 볼 수 있는 온천의 모습들. 간헐천, 탄산염의 퇴적으로 만들어진 테라스형의 온천, 그리고 규산염이 퇴적되어 있는 온천. © 2015 krk

심해의
오아시스

앞서 살펴본 것처럼 1977년에 앨빈은 태평양에 있는 2,600미터 깊이의 갈라파고스 해저 산맥에서 20℃가 넘는 해저 온천을 발견하였다. 주위 해수의 온도가 2℃ 정도임을 감안하면 꽤 뜨거운 온천수였다. 새로운 해양 지각이 만들어지는 틈 속으로 해수가 들어가 지각 아래에 있는 마그마에 의해 더워지면서 온천수가 만들어진 것임이 틀림없었다. 온천수가 만들어지는 지하 현장에서는 300℃ 이상의 고온이지만, 해저까지 올라오는 동안 찬 해수와 섞이면서 이 정도의 온도를 가진 온천수가 만들어진 것이다.

이 온천의 발견이 사람들에게 큰 충격을 준 것은 축구장만 한 크기의 온천 지역에 몇몇 생물들이 매우 밀집해서 살고 있는 모습 때문이었다. 이곳에는 즉시 '심해의 오아시스'라는 별명이 붙여졌다. 당시 필자는 미국 샌디에이고 소재 캘리포니아 주립대학교 스크립스 해양연구소에서 유학 중이었는데, 이 발견에 참여하였던 우리 대학 연구원들이 탐사를 마치고 돌아와 흥분 속에서 세미나를 하며 놀라움을 전하던 모습이 지금도 생생하다. 그런데 이 발견은 과학자들에게 심각한 문제를 던져 주었다. 지구상의 생물은 식물이 태양에너지를 이용하여 포도당을 만들어 내는 광합성에 의존하고 있다. 그런데 이 생물들은 광합성으로 만들어지는 유기물(먹이)이 거의 없는 심해에서 어떻게 먹이를 구할 수 있는가를 설명하기가 어려웠기 때문이었다. 이 문제에 대한 답을 두고 과학자들은 두 그룹으로 나뉘었다. 해저 온천에 밀집해서 살고 있는 생물들 역시 광합성에 의존할 수밖에 없다는 보수적 견해와, 어쩌면 이 지역에서는 광합성에 전혀 의존하지 않는 새로운 시스템이 존재할지도 모른다는 혁신적인 견해 사이의 격한 논쟁이 있었음은 물론이다. 이 논쟁은 햇빛이 없는 심해의 오아시스에서 밀집해서 살고 있는 생물들은 화학합성(온천수에 포함된 황화물을 산화시키면서 나오는 화학에너지를 이용하여 먹이를 만들어내는)을 하는 박테리아에 기초한 생명체군임이 밝혀지면서 마침표를 찍었다.

블랙 스모커
(black smoker, 검은 굴뚝)

해양 지각 아래에서는 300℃ 이상 고온의 온천수가 만들어지지만, 이런 고온의 온천수가 해저에서 직접 분출되는 일은 있을 수 없다는 것이 당시 과학자들의 지배적인 생각이었다. 하지만 갈라파고스 온천이 발견되고 나서 2년 뒤인 1979년에 북위 21도에 위치한 동태평양 해저 산맥(EPR, East Pacific Rise)에서 350℃에 이르는 뜨거운 온천수가 해저에서 직접 분출되는 것이 발견되면서 과학자들은 온통 흥분의 도가니에 빠져들었다. 이 온천은 갈라파고스에서와 달리 해저에 만들어져 있는 굴뚝 모양의 통로를 통해서 온천수가 직접 분출되고 있었다. 이 온천에서는 강한 산성의 고온 온천수에 다량으로 녹아 있던 아연, 납, 철 등의 금속이 차고 알칼리성인 해수와 섞이면서 검은색의 황화물 광물로 석출되어 나오고 있었다. 그 모습이 마치 검은 연기를 내뿜

북위 21° 동태평양 해저 산맥에서 발견된 블랙 스모커의 모습. 온천수에 많이 녹아 있던 아연, 납 등의 황화물이 검은 입자들로 석출되면서 연기를 뿜어내는 굴뚝처럼 보여 붙여진 이름이다. 전면에 보이는 금속 물체들은 온천수를 채취하기 위하여 특별히 제작된 타이타늄으로 만든 주사기형의 채수기이다. © 2015 krk

는 굴뚝과 흡사하다고 하여 '블랙 스모커(black smoker)'라는 이름이 붙여졌다.

우리 주위에서는 물을 아무리 가열해도 100℃ 이상 올라가지 않는다. 일단 물은 100℃가 되면 모두 기체 상태로 바뀌어 버린다. 그런데 어떻게 해저 온천에는 350℃의 바닷물이 존재할 수 있는 것일까? 수심 2,600미터 깊이의 260기압이나 되는 고압 속에서는 물의 끓는점이 380℃ 정도까지 높아질 수 있기 때문이다.(대기압보다 높은 압력하의 압력밥솥 내에서 물의 끓는점이 높아져 현미를 익힐 수 있는 것을 생각하면 된다.)

앨빈에 얽힌 일화 한 가지

앞서 잠시 언급하였지만 필자가 미국에서 공부하던 시절 스크립스 해양연구소는 지구과학자들을 흥분의 도가니로 몰아넣었던 해저 온천 연구의 선두에 있었다. 이에 더하여 학위를 지도해 준 크레익 교수가 바로 그 연구의 중심에 있었기 때문에 필자의 학위 논문도 해저 온천과 관련된 내용을 다룰 수 있었다. 해저 온천이 너

북위 21° 의 동태평양 해저 산맥에서 발견된 "Hanging Garden" 온천 지역 주위의 생물들의 모습. 적혈구를 가진 피로 인해 붉은색을 띠는 tube worm들과 온천 주위에서만 발견되는 브래키유리언(게)의 모습이 보인다. © 2015 krk

무 놀라운 현상이었던 데다가, 당시는 앨빈 탐사가 이루어진 초창기여서 많은 과학자들이 잠수를 희망하던 때였다. 필자가 당시 학생 신분으로 1981년 11월 24일 앨빈 잠수정을 타고 2,600미터의 해저에서 350℃의 온천수를 뿜어내는 블랙 스모커를 직접 발견할 수 있었던 것은 정말 큰 행운이었다. 탑승하였던 앨빈 탐사에서 발견하였던 해저 온천계에는 'Hanging Garden'이란 이름이 붙여졌고, 이 책에 소개된 몇 개의 해저 온천 사진들은 필자가 잠수정에서 찍은 사진들이다. 이후 10여 차례 앨빈 잠수를 하며 해저 온천 연구를 계속하였는데, 그때 있었던 일화를 하나 소개하려고 한다.

해저 온천 주위에 사는 다양한 생물상은 이들의 먹이원이 무엇인가부터 시작하여 많은 흥미로운 질문을 던져 주었는데, 그 중의 하나가 해저 온천 주위를 헤엄쳐 다니던 물고기에 관한 것이었다. 당시 뚜렷한 학명 없이 흔히 'vent fish'라고 불리던 이 물고기(후에 Thermarces cerberus로 학명이 정해졌다.)를 사로잡기 위해 생물학자들이 온갖 기기묘묘한 덫을 만들어 시도하였는데 끝내 실패하였다. 그런데 화학자들이 처음으로 이 물고

블랙 스모커에서 분출되는 고온의 온천수로 인하여 녹아버린 플라스틱 바구니. 이 바구니는 잠수정 앨빈이 조사 중 채취한 시료 등을 담아 두기 위하여 잠수정 앞에 붙여 놓았던 것이다. © 2015 krk

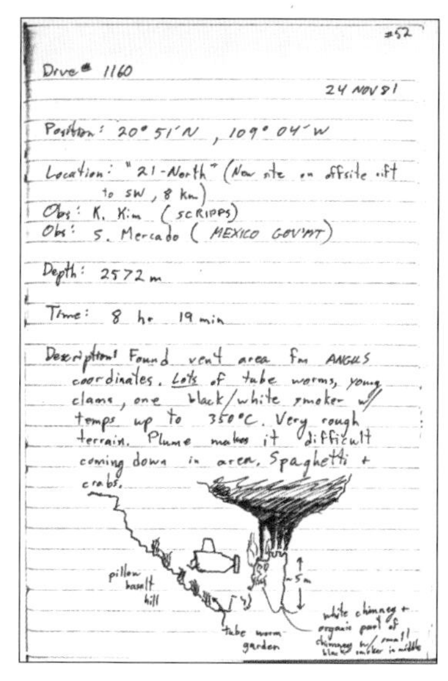

#52

Dive# 1160

24 NOV 81

Position: 20° 51′ N , 109° 04′ W

Location: "21-North" (New site on offsite rift to SW, 8 km)

Obs: K. Kim (SCRIPPS)

Obs: S. Mercado (MEXICO GOV'MT)

Depth: 2572 m

Time: 8 hr 19 min

Description: Found vent area fm ANGUS coordinates. Lots of tube worms, young clams, one black/white smoker w/ temps up to 350°C. Very rough terrain. Plume makes it difficult coming down in area. Spaghetti + crabs.

pillow basalt hill

~5 m

tube worm garden

white chimney + organic part of chimney w/ small black smoker in middle

1981년 11월 24일 필자가 참여하였던 ALVIN 잠수 #1160의 잠수일지(WHOI의 허가를 받아 게재) 및 잠수를 위해 앨빈 잠수정으로 들어가는 필자의 모습(출처: 동경대학교 호리베 교수)

앨빈의 창밖으로 보인 'vent fish'의 모습. 크레익 교수가 1984년 해저 온천 탐사 기간 중 앨빈이 우연히 그리고 최초로 채취한 'vent fish'를 맛있게 시식하는 것처럼 연출한 사진. 이 어류는 당시 알려져 있지 않았던 종으로 생물학자들이 이를 연구할 수 있는 기회를 처음으로 제공한 시료가 되었다.
© 2015 krk

앨빈 탐사를 마치고 잠수 결과를 이야기하고 있는 크레익 교수와 필자(출처: 동경대학교 호리베 교수)

기 한 마리를 잡았고, 이때 사용된 장비가 바로 앨빈이었다. 해저 온천 주위에 머물면서 온천수 채취 등 작업을 하고 있던 앨빈 속으로 이 물고기 한 마리가 헤엄쳐 들어왔다가, 앨빈이 물 위로 올라올 때 그만 앨빈 속에 갇혀 함께 올라온 것이다. 이렇게 배위로 올라온 물고기가 그날 밤 잠수정을 청소하며 새 잠수를 준비하던 사람들에게 발견되었다. 물론 이 소중한 시료는 생물학자들에게 넘겨져 연구 기회를 제공하였지만, 그 전에 탐사의 책임연구자였던 크레익 교수가 이 물고기를 가지고 연출한 시식 장면은 탐사의 또 다른 재미를 보여 주는 흥미로운 이야기 중의 하나였다.(잠수정을 이용한 해저 탐사에 대해 관심을 가진 독자들은 최근 출간된 김웅서, 최영호 저 『잠수정, 바다 비밀의 문을 열다』를 읽어 보기를 권한다.)

해저 온천은 1960년대 판구조론의 확립이 지구과학자들에게 안겨준 흥분을 1970년대 이후에도 지속시키며 지구과학 연구에 활력을 제공하는 중요한 견인차 역할을 함과 동시에 판구조론을 확실히 마무리시켜 준 신비로운 지구의 비밀의 하나였다. 해저 온천을 통해 과학자들은 발산형의 경계인 해저 산맥이 바로 지구 내부로부터 뜨거운 용암이 솟아올라와 식으면서 해양 지각이 만들어지는 곳이라는 것을 직접 느낄 수 있었다. 오늘날에는 계속된 탐사를 통해 태평양뿐만 아니라 대서양과 인도양에서도 해저 온천이 발견되고 있으며, 우리나라도 인도양에서 해저 온천 탐사를 위한 많은 작업을 진행하고 있다.

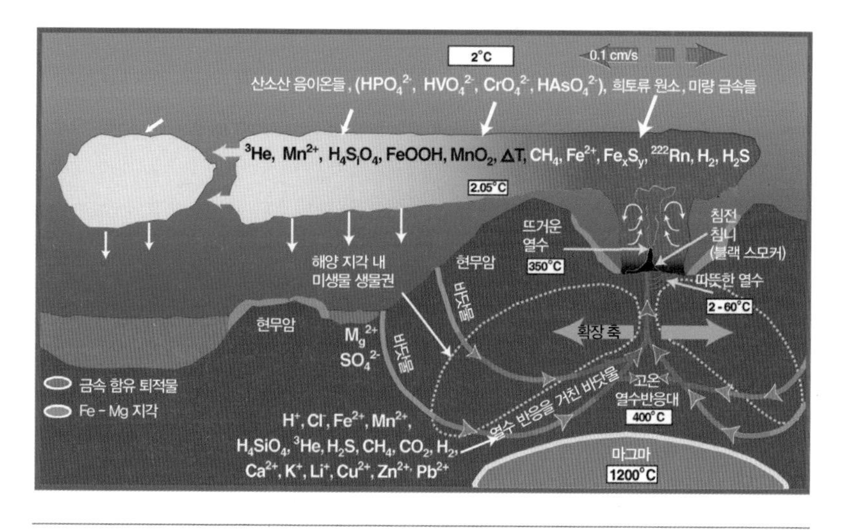

블랙 스모커에서 해양으로 분출되는 여러 물질들의 해양 내에서의 순환 과정

지구 생명의 요람?

해저 온천 지역의 블랙 스모커는 오늘날 귀하게 쓰이는 여러 광물 자원이 어떻게 만들어지는지를 보여 주는 천연의 실험 현장이었다. 이들을 한곳으로 모으는 과정만 첨가되면 바로 광상(ore deposit, 鑛床)이 만들어질 수 있는 것이다. 이미 확립되기 시작한 판구조론과 합쳐지면서 광상의 연구에 큰 진전이 있었던 것은 말할 것도 없다.

온천수 내에 많이 포함되어 있는 망가니즈(원자번호 25번인 Mn은 얼마 전까지 망간으로 불렸으나, 현재는 세계 표준 명명법을 따라 망가니즈로 불린다.)가 태평양에 많이 존재하는 망가니즈단괴(심해저에 깔려 있는 망가니즈를 주성분으로 하는 집적물)의 성장에 필요한 망가니즈의 공급원임을 이해하게 된 것도 제법 큰 수확이었다. 해저 온천의 발견 이전에 망가니즈단괴를 만들어 내는 많은 양의 망가니즈가 도대체 어디에서 왔을까 하는 것은 실로 답을 찾기 어려운 문제 중의 하나였다. 해저 온천의 발견은 단지 해양학뿐만 아니라 지구과학 전반에 많은 영향을 준 놀라운 발견이었다. 더욱이 이 발견으로 강력한 힘을 얻으면서 새로이 태동한 중요한 연구 분야는 지구상에 살고 있는 생명의 기원과 관련된 연구일 것이다. 이 분야를 연구하는 많은 생물학자들은 지구 초창기에 더욱 활발하였을 것으로 여겨지는 해저 온천이 바로 지구상에 생명을 탄생시킨 요람이지 않았을까 생각하며, 이런 특수 환경에서의 생물들의 생활상에 관한 많은 연구를 진행해 오고 있다.

8. 새로운 눈으로 지구 보기

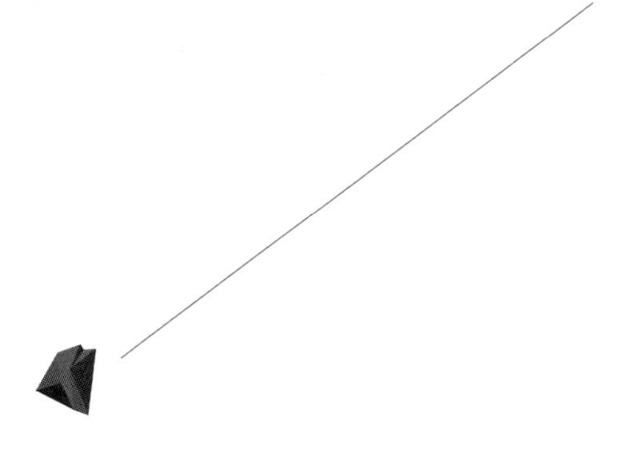

1960년대 후반 지구과학자들이 마치 개종을 하듯 받아들이기 시작한 판구조론은 '오래된 지구를 새로이 볼 수 있는 눈'이었다. 판구조론은 '약 100킬로미터 두께를 가진 지구의 표층(암석권)은 10여 개 조각(판)으로 나눠져 있으며, 이들 조각은 끊임없이 서로 상대적인 운동을 한다.'는, 겉보기에는 지극히 평이해 보이는 이론이다. 그런데 왜 지구과학자들은 '유레카'를 외쳤으며, 과학사를 다루는 학자들은 왜 이를 '과학적 혁명'이라고 부르는 것일까?

우선 이런 엄청난 두께를 가진 판들의 운동이 그리 자연스러울 수 없음은 분명해 보인다. 일 년에 수센티미터 정도씩 서로 미끄러지게 하는 지구 내부의 힘은 마찰력으로 어느 정도 저지하면서 견뎌낼 수 있지만,

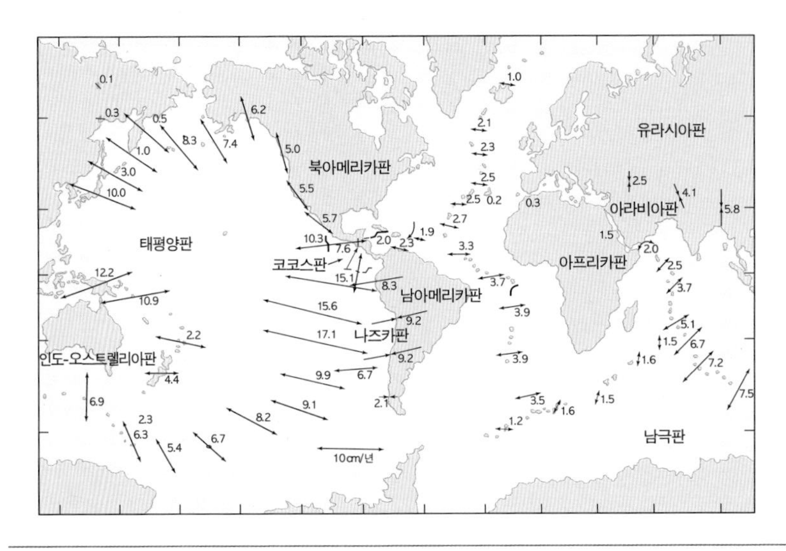

오늘날 판의 경계에서 판이 이동하는 모습(방향과 속도)을 보여 주는 지도

이런 스트레스가 100여 년 이상 쌓이면 판들이 미끄러지지 않고서는 도저히 견딜 수 없는 지경에 이르게 된다. 힘겹게 버티던 판들이 그동안 쌓였던 스트레스를 어느 날 갑자기 한꺼번에 풀어버리며 수미터를 미끄러질 때가 바로 지상의 우리들에게는 엄청난 지진을 경험하는 재앙의 날이 되는 것이다. 지진이 판들의 경계에서 일어난다는 것은 판구조론의 자연스러운 결론이다.

그렇다면 지구는 어떻게 오늘의 모습을 갖게 되었을까? 티베트에는 왜 히말라야 산맥이 있을까? 유럽과 미국 사이에 왜 대서양이 자리 잡고 있으며, 태평양을 둘러싸는 지역에서는 왜 '불의 고리(Ring of Fire)'라고 불릴 만큼 지진이 자주 일어나고 화산이 많이 분포하고 있을까? 지구를 공부하는 과정에서 제기되는 이런 중요한 질문들에 대해서 명쾌한

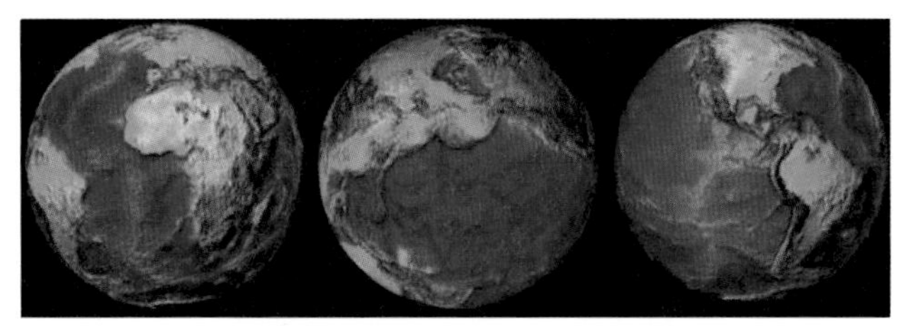

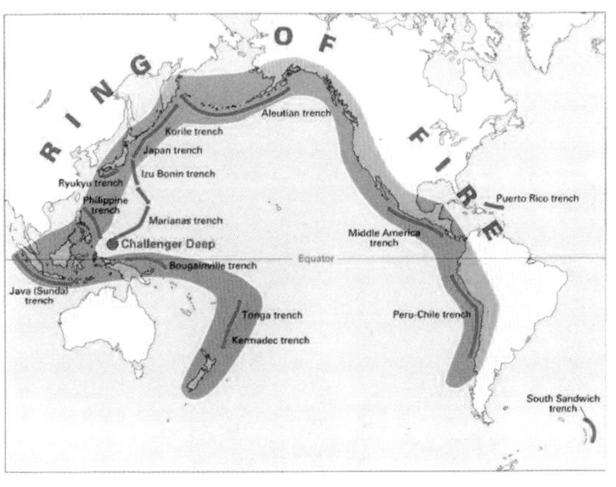

육상에서 우리가 직접 볼 수 있는 산맥 등 다양한 지형 이외에 바닷속 깊이 대서양의 중앙에 남북으로 길게 뻗어 있는 해저 산맥, 태평양의 가장자리를 따라 발달해 있는 깊은 해구들, 남태평양의 동쪽에 넓게 발달해 있는 해저 산맥 등 다양한 지형을 보여 주는 지구의 모습(위), 예로부터 태평양 주변은 화산, 지진 등의 많은 지질 활동들이 있어 불의 고리(Ring of FIre)로 불리어 왔다.(아래)

답을 제시할 수 없었던 지구과학자들에게 판구조론은 하나의 계시로서 다가온 것이다.

당시 과학자들이 가졌을 흥분을 조금이나마 느껴볼 수 있는 한 방법은 우리도 판구조론의 눈으로 이런 질문들의 답을 찾아가보는 것이다. 이 작업은 판들이 서로 맞부딪히는 경계를 이해하는 데서 시작된다. 지구과학자들은 판이 서로 맞부딪히는 특성에 따라 판의 경계를 발산형(divergent) 경계, 수렴형(convergent) 경계, 변환단층형(transform fault) 경계 등의 여러 가지 형태로 구분할 수 있음을 알게 되었다. 그리고 이들 경계에 지구 모습의 비밀이 들어 있었다.

발산형 경계: 대양이 탄생하는 곳

판들이 서로 멀어지는 경계 지역을 발산형 경계라고 부른다. 대표적인 예가 대서양 한가운데를 남북으로 가로지르는 해저 산맥이다. 이곳에서는 벌어지는 틈으로 지구 내부의 용암이 올라와 식으면서 새로운 해양 지각이 만들어진다. 이 지역이 산맥처럼 보이는 이유는 암석이 아직 채 식지 않아 밀도가 작아 단위 면적당 더 많은 부피를 차지하기 때문이다. 암석들은 새롭게 만들어지는 암석에 밀려 이들 경계에서 점점 멀어지면서 식어져 단단해지면 부피가 줄어들어 수심이 더욱 깊어진다.

판이 계속 서로 멀어질 때 이들 판 위에 떠 있는 대륙들도 덩달아 멀어지면서, 이때 생기는 틈으로 바닷물이 유입되어 바다가 만들어진다. 아메리카 대륙과 아프리카 및 유럽 대륙 사이에 있는 대서양도 두 대륙 사이가 지난 2억여 년 이전부터 매년 수센티미터씩 폭이 넓어짐에 따라 만들어진 것이다. 오늘날의 지구의 모습을 잘 살펴보면, 홍해와 아프리카 대륙 동쪽에 남북으로 뻗어 있는 아프리카 열곡대(Rift Valley, 2개의 평행한 단층애로 둘러싸인 좁고 긴 골짜기 - 열곡 - 이 길게 이어져 형성된 띠)도 먼 미래에 큰 바다가 만들어질 예상 지역임을 쉽게 알 수 있다.

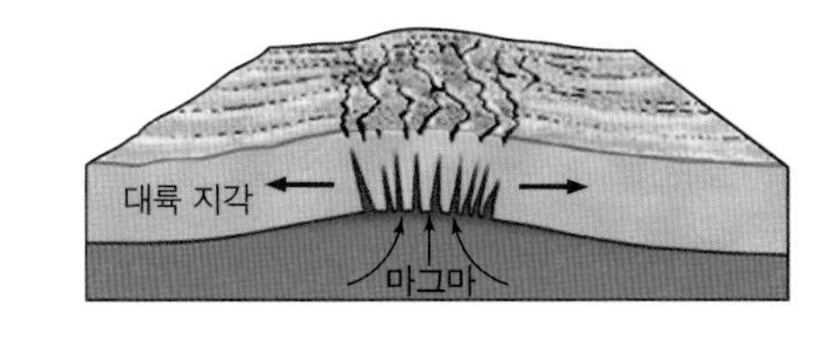

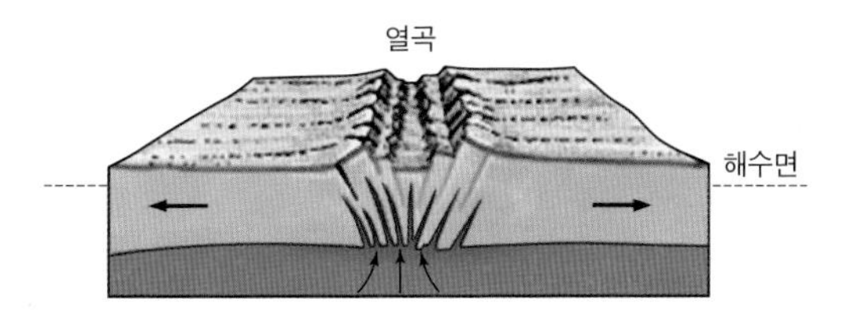

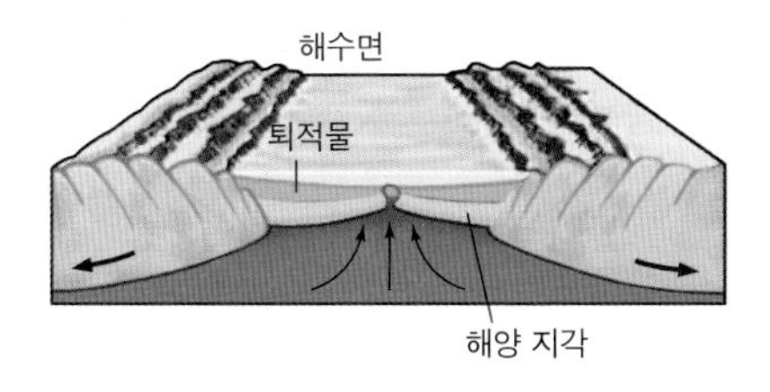

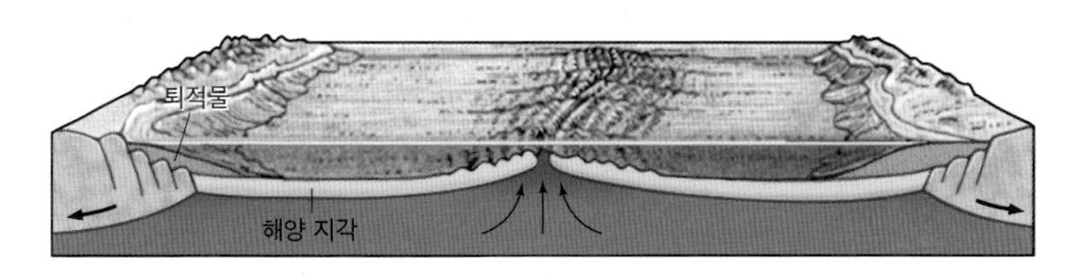

발산형 경계에서 대륙이 갈라지는 틈에 해저 산맥이 만들어지고 바다가 열리는 과정을 보여 주는 모식도

수렴형 경계

수렴형 경계는 두 판이 서로 마주치는 곳으로, 서로 마주치는 판의 종류에 따라 해양판과 해양판의 충돌, 해양판과 대

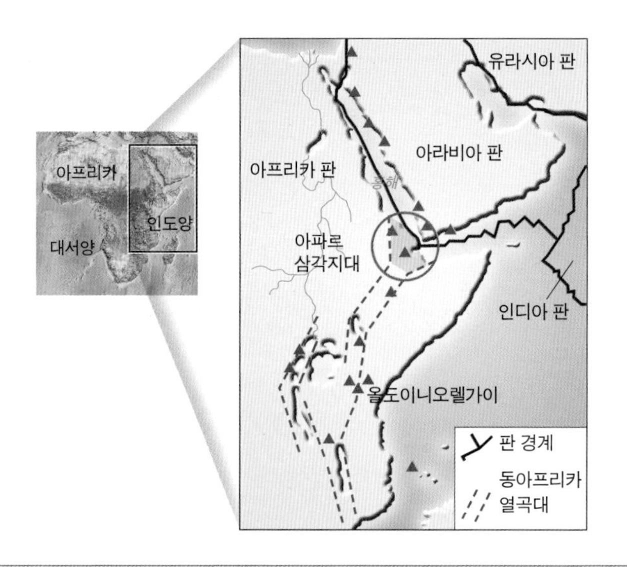

바다가 생성되는 초기 과정을 보여 주는 홍해 및 아프리카 동안의 모습

륙판의 충돌, 그리고 대륙판과 대륙판의 충돌 등의 세 가지 형태를 생각할 수 있다. 그런데 해양판의 상부인 해양 지각을 이루는 암석들은 대륙판의 상부인 대륙 지각을 이루는 암석들과 성질이 매우 다르다. 우리가 관악산이나 여러 산들에서 발견할 수 있는 화강암이라고 부르는 암석이 대륙 지각을 이루는 대표적인 암석이고, 제주도에서 발견하는 현무암이라고 불리는 검은색의 암석이 해양 지각의 대표적인 암석이다. 이 두 종류의 암석은 밀도차가 커서, 해양 지각의 암석이 육상 지각의 암석보다 무겁다. 때문에 이들을 각각 상층에 둔 해양판과 대륙판들이 서로 충돌하는 각각의 경우 상이한 결과가 나타날 것으로 예상된다. 그리고 이런 모습들이 실제로 지구상에서 관측되고 있다.

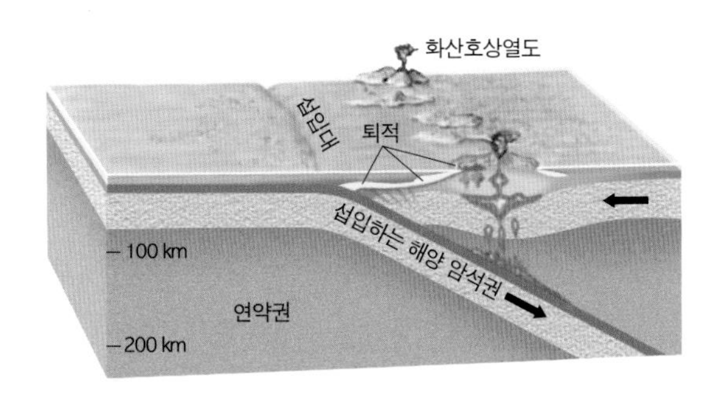

해양 지각과 해양 지각이 서로 만나는 수렴형 경계의 모식도

(1) 해양판과 해양판이 만날 때

이동 속도가 서로 다른 두 해양판이 같은 방향으로 움직일 때, 뒤따라 잡는 해양판이 앞서 가는 해양판 밑으로 섭입하면서 충돌 부분이 접혀 수심이 깊은 해구가 되고, 해구의 앞쪽에는 섭입되는 해양판의 영향으로 화산섬이 만들어질 수 있다. 마리아나 해구나 일본 해구, 그 앞에 만들어져 있는 일본, 사이판과 같은 마리아나 제도들이 바로 그런 예이다. 이러한 섬들에서 왜 화산이나 지진이 많은지 쉽게 이해할 수 있다.

(2) 해양판과 대륙판이 만날 때

판구조론이 쉽게 예측할 수 있었던 것은 무거운 해양 지각으로 인해 무거워진 해양판이 가벼운 대륙판 밑으로 가라앉으면서(섭입, 攝入) 만나

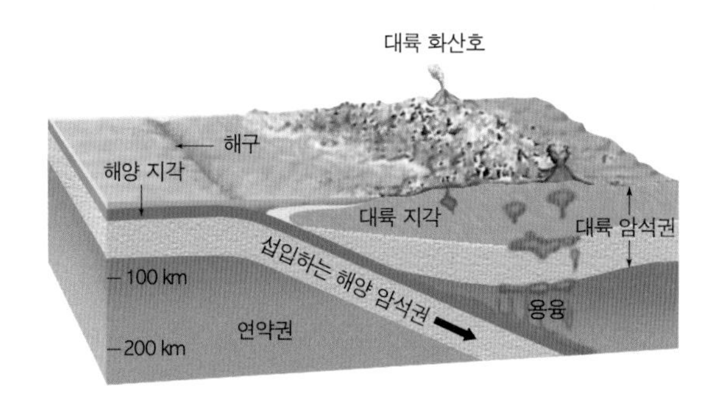

해양 지각과 대륙 지각이 만나는 모습을 보여 주는 모식도

접히는 해양에서는 해구가 만들어지고, 대륙에서는 섭입하던 해양판이 녹아 다시 대륙 위로 솟아오르면서 화산 활동을 일으켜 결국 높은 산맥들이 만들어진다는 것이었다. 이렇게 보면 왜 남아메리카 대륙 서안 바다에는 칠레 해구가 있으며, 대륙에는 남북으로 늘어서 안데스 산맥과 많은 화산들이 있는지 너무나 명쾌하게 설명된다. 1980년대 대규모 폭발을 한 후 요즈음 다시 활동을 개시하는 듯한 세인트 헬렌 화산을 포함해 미국 북서부 지방에 줄지어 나란히 나타나는 화산들도 마찬가지로 설명할 수 있다.

(3) 대륙판과 대륙판이 만날 때

대륙판과 대륙판이 서로 만나면 이들 모두가 가볍기 때문에 가라앉지 못하고, 거대한 충돌대를 만들면서 결국 지표상에 주름이 잡히며 밀착

될 수밖에 없다. 과학자들은 여기에서 히말라야 산맥 및 티베트 고원과 같은 대륙의 산맥이 만들어지는 원인을 알게 되었다. 히말라야 산맥은 지난 수천만 년 동안 유라시아 대륙과 북상하는 인도 대륙이 충돌하면서 만들어 낸 훌륭한 작품이다.

과학자들은 오늘날 중국 대륙 역시 그 크기가 큰 만큼 시기는 다르지만 이와 비슷한 일들이 여러 차례 일어나면서 오늘날의 모습을 갖춘 것으로 여기고 있다. 아시아 대륙의 남쪽에 있었던 테티스(Tethys) 해 이전에 존재했던 고테티스(Paleo-Tethys) 해, 그리고 그보다 더 이전에 존재했

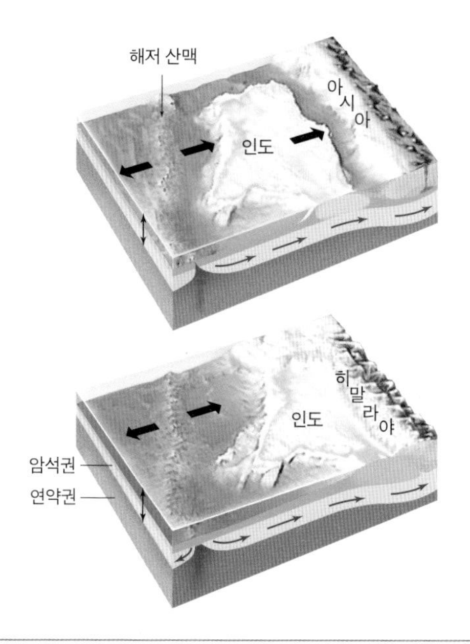

대륙과 대륙이 만나는 수렴형 경계의 모식도. 대표적으로 인도와 아시아 대륙의 충돌로 히말라야 산맥이 만들어지는 과정을 보여 주고 있다.

던 또 다른 바다 등에 의해 분리되어 있던 대륙들이 계속 충돌하면서 티베트 및 친링산맥 등이 만들어진 것으로 밝혀져 있다. 이어 남과 북에 있던 두 개의 다른 땅덩이가 부딪히면서 하나로 만들어진 북중국과 남중국 대륙의 대륙 충돌 사건은 트라이아스기인 약 2억 3,000만 년 전에 일어났던 것으로 알려져 있으며, 오늘의 중국 대륙을 만들어낸 가장 중요한 사건이었다. 물론 이와 같은 남중국과 북중국 대륙의 충돌은 인접한 우리나라에도 큰 영향을 미쳤을 것이 분명하며, 우리나라의 지질학자들이 열심히 연구하고 있는 분야의 하나이다.

변환단층형 경계

발산형의 경계와 그 반대편에 있는 수렴형 경계가 하나의 판을 만들려면 이들을 연결시켜 주는 경계가 필요하다. 이 부분을 바로 인접한 두 판이 서로 수평적으로 미끄러지는 변환단층형 경계라고 한다. 미국 서부 연안에 있는 샌안드레아스 단층이 대표적인 예이다.

두께가 100여 킬로미터나 되는 두 판의 서로 미끄러지는 운동은 마찰로 인해 순조롭지 못하지만, 100여 년마다 한번씩은 쌓인 스트레스를 풀 수밖에 없다. 1906년 4월 18일 이 단층선상에 위치하는 샌프란시스코에서의 진도 7.8의 대지진도 이렇게 일어난 것이다. 이 지진은 지난 2005년 미국이 겪었던 엄청난 크기의 허리케인 카트리나가 준 경제적 손실

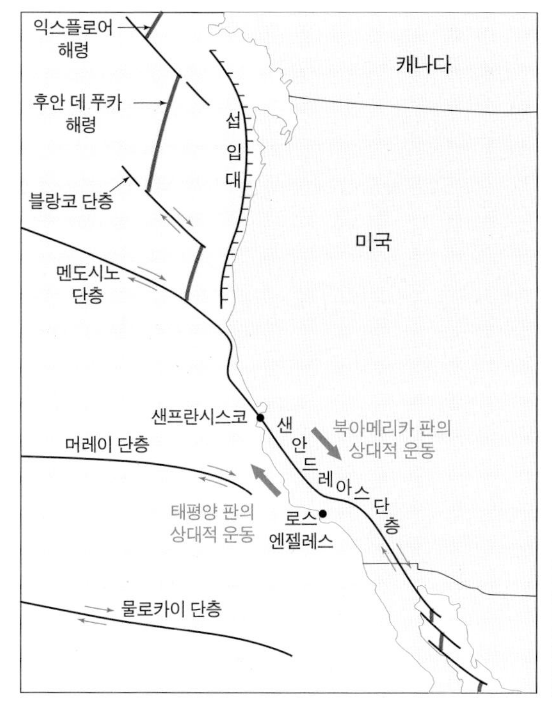

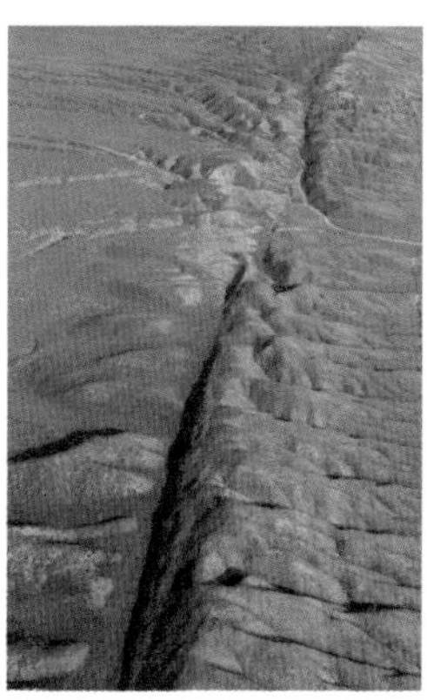

미국 캘리포니아 주에 있는 샌안드레아스 변환 단층

1906년 발생한 샌프란시스코 지진 이후의 처참한 모습

(812억 달러 추정)과 거의 비견될 만큼의 막대한 피래를 초래했다. 100여 년이 지났는데 이제 또 하나의 큰 지진이 일어날 때가 다가온 것은 아닐까? 판구조론이 자연스럽게 이 지역에 사는 사람들에게 던져주는 이유 있는 걱정거리이다.

열점(hot spot)도 있다

지금도 용암을 뿜어내는 하와이 제도(Island Hawaii)는 판의 경계와는 전혀 상관없이 태평양판의 거의 한가운데에 위치하고 있다. 어떻게 이런 곳에 화산이 있는 것일까? 더욱 흥미로운 것은 주변 화산섬들이 그룹을 지어 일직선상으로 줄을 지어 있다는 사실이다.

과학자들은 훨씬 더 깊은 지구 내부에서 판을 뚫고 지각까지 용암이 솟아오를 수 있는 지역이 있음을 알게 되었으며, 이를 열점(hot spot)이라고 명명하였다. 고정된 열점과 그 위를 움직이는 판이 만들어 낸 작품이 바로 일렬로 나란히 서 있는 화산섬들이다. 1960년대 한창 해저확장설이 논의될 때 캐나다의 윌슨(John Tuzo Wilson, 1908~1993)이 이를 처음으로 이해하고 유레카를 외쳤다. 열점은 당시 과학자들 마음속에서 흔들리던 추를 해저확장설의 수용 쪽으로 기울게 하는 중요한 역할을 하였다.

이제 우리는 판구조론이라는 도구를 이용하여 '대서양 중앙에는 왜 남북으로 길게 산맥이 연결되어 있을까?', '왜 태평양 연안은 깊은 해구가 둘러싸고 있으며, 아메리카 대륙에는 남북으로 길게 산맥이 만들어

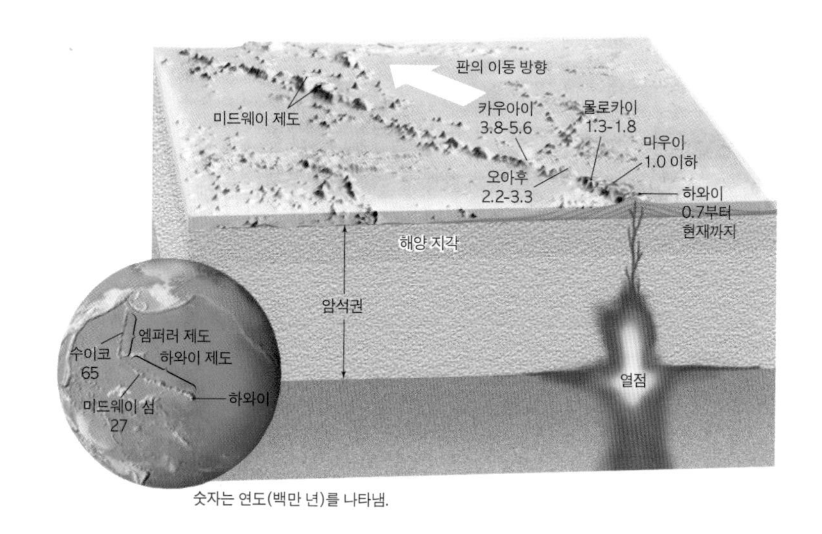

열점에 의해 설명되는 줄을 이어 형성되어 있는 하와이 제도의 화산섬들을 보여 주는 모식도

져 있을까?', '왜 아시아에는 거대한 티베트 고원이 자리 잡고 있을까?', '왜 하와이에는 섬들이 길게 연결되어 있을까?' 등등 지구가 왜 이런 다양한 형태의 모습을 가지고 있는지를 잘 이해할 수 있게 되었다.

여기에서 흥미로운 질문이 하나 떠오른다. 도대체 열점은 지구 얼마나 깊은 곳에 연결된 것일까? 그리고 앞서 살폈던 지각의 섭입은 어느 정도 깊이까지 일어나는 것일까? 오늘날 지구과학자들은 이런 질문에 대해서도 꽤 자세한 답을 가지고 있다. 바로 지구물리학자들이 새로이 발전시킨 지진파단층촬영법(seismic tomography) 덕분이다. 단층촬영법은 본래 의학에서 뇌 구조를 영상화하여 진단하기 위해 고안된 것이었다. 지난 20여 년에 걸쳐 컴퓨터의 능력이 폭발적으로 증대되면서, 지진파를 이

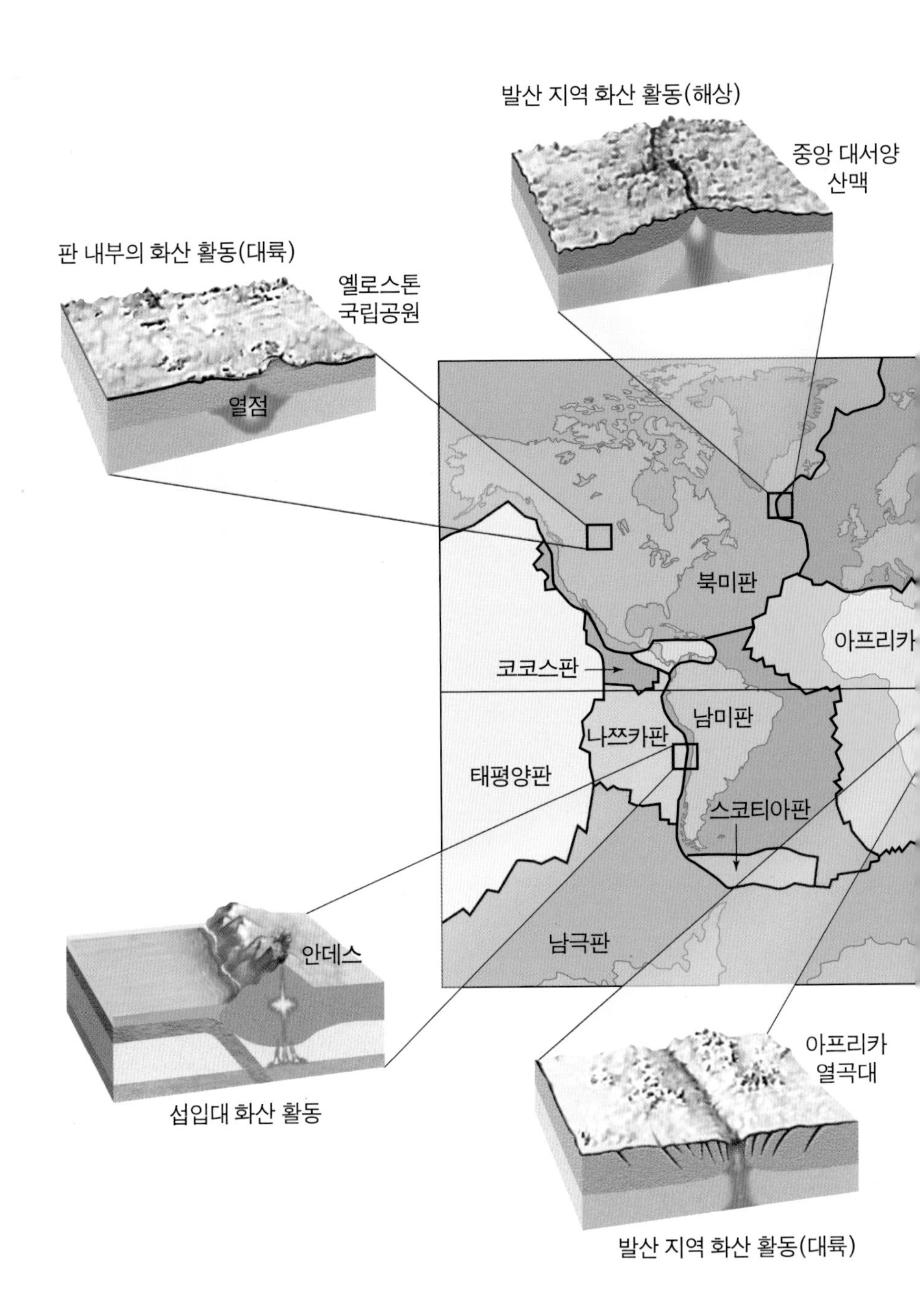
발산 지역 화산 활동(해상)
중앙 대서양
산맥
판 내부의 화산 활동(대륙)
옐로스톤
국립공원
열점
북미판
아프리카
코코스판
남미판
나쯔카판
태평양판
스코티아판
남극판
안데스
섭입대 화산 활동
아프리카
열곡대
발산 지역 화산 활동(대륙)

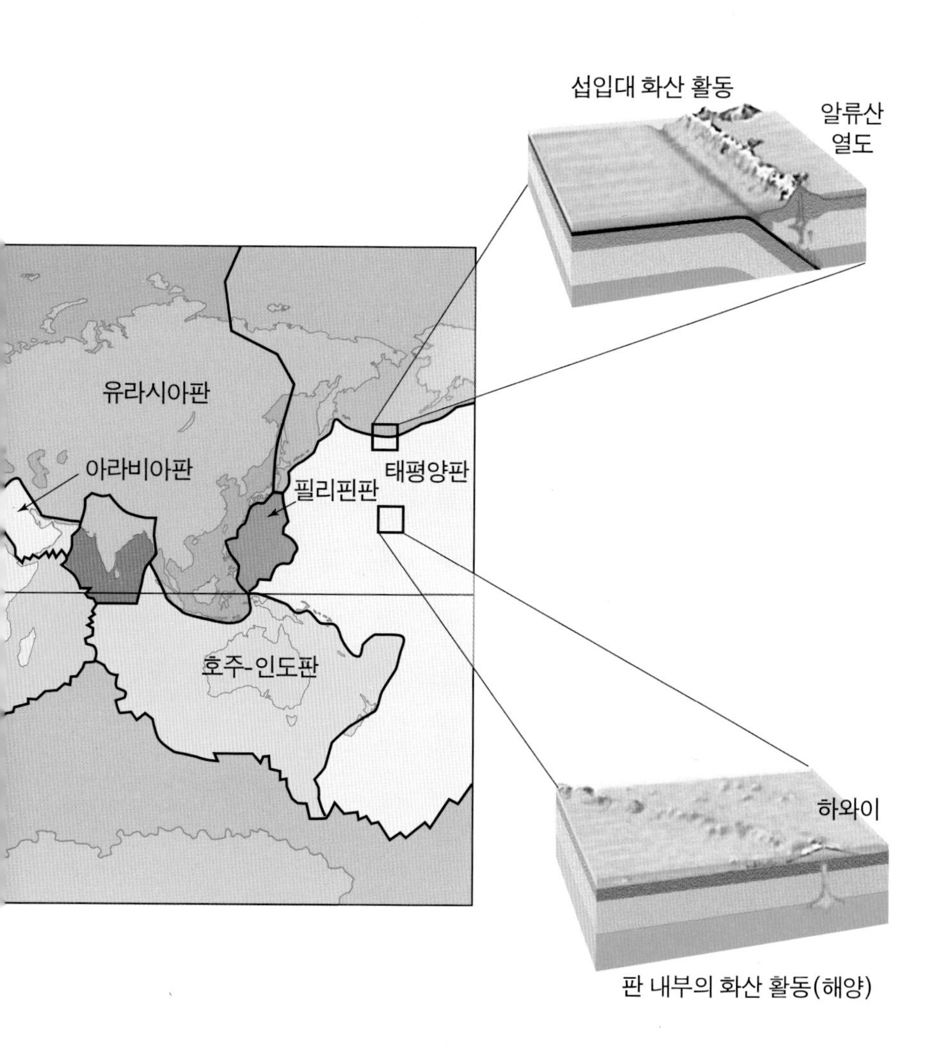

판구조론으로 살펴본 다양한 지구 모습을
종합적으로 보여 주는 모식도

용하여 지구 내부의 단면 구조를 영상화할 수 있는 지진파단층촬영법이 발전한 것이다. 이런 기법 덕분에 지구 내부에 대한 종래의 생각을 수정할 수밖에 없는 많은 새로운 연구 결과가 제시되고 있다.

지진파단층촬영법
(seismic tomography)

비교적 최근에 이르기까지도 맨틀 속에 존재하는 방사성 물질의 붕괴에서 오는 열 때문에 맨틀의 유동이 일어나며, 이런 대류 자체도 연속적인 것으로 여겨졌다. 그런데 방사성 물질이 맨틀보다는 지각에 더 많으며 맨틀 내에서도 불균일하게 존재하므로, 맨틀의 대류는 상부 맨틀의 여러 깊이에서 만들어지는 작은 상승류들이 대부분이며 하부 맨틀은 거의 움직이지 않는다고 생각되었다. 그러나 단층촬영법의 분석 결과는 이와는 달리 맨틀 전체에 전 지구 규모로 2~3개의 거대한 상승류가 있어서 핵과 접해 있는 하부 맨틀의 물질이 지표면까지 상승하며, 지표면의 물질이 다시 하부 맨틀까지 하강하는 큰 대류 현상이 일어나고 있는 모습을 보여 주었다. 이런 거대한 상승류와 하강류를 일으키는 원인은 무엇일까?

지구 내부에는 방사성 물질의 붕괴에 의하여 지금까지 축적된 열이 있을 뿐만 아니라, 지구가 형성될 당시 저장된 열이 있다. 수많은 운석 조각들이 모여 지구를 형성할 때 운석의 충돌에 의해 발생된 열이다. 그 후 방사성 물질의 붕괴로 발생한 열이 합쳐지면서 전 지구 내부에 고르게 분포되었던 철과 니켈 성분을 녹여 유동할 수 있게 만들고, 이들이 중력에 의해 지구 중심부로 이동하면서 핵을 형성하였다. 이때 중력장 내에서 철과 니켈의 위치에너지가 열에너지로 변하며, 이런 과정을 통하여 핵은 맨틀에 비하여 지구 초기의 원시적 열을 더 많이 저장하게 되었다. 한편 지구 표면에서는 열을 외부로 계속 빼앗겨 핵의 바깥쪽에 위치하는 맨틀은 상대적으로 낮은 온도를 가지게 된다. 이렇게 새롭게 이해된 온도 분포의 조건하에서, 지구물리학자들은 맨틀 규모의 거대한 대류가 일어나는 시나리오를 만들 수 있었다.

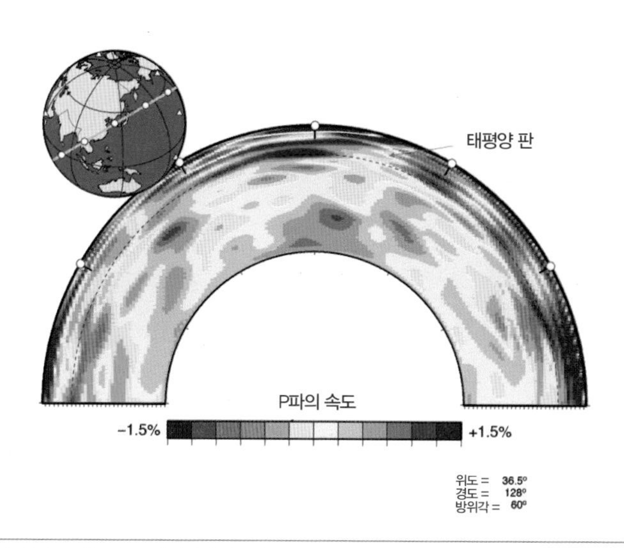

우리나라를 동서로 관통하는 단면에서의 P파의 속도를 보인 그림. 속도가 늦어지는 부분이 적색으로, 빨라지는 부분이 청색으로 표시되어 있는데, 적색의 영역은 온도가 높은 지역, 청색의 영역은 온도가 낮은 지역으로 해석할 수 있다.(출처: 서울대학교 김영희 교수/미시건대학교 Jeroen Ritsema 교수, http://www.earth.lsa.umich.edu/~jritsema/Research.html)

판구조론에서 플룸이론으로: 맨틀 대류의 시나리오

맨틀 대류의 시나리오를 다음 쪽에 도시된 그림을 보면서 순서대로 살펴보자.(아래의 번호들은 135쪽 그림의 번호와 서로 일치한다.)

① 고온의 외핵이 핵-맨틀 경계부의 맨틀 물질 일부를 가열하여 상승류(plume)를 형성하며, 이들이 지표면까지 도달하면 하와이 제도와 같은 화산을 만든다.(열점)

② 핵-맨틀 경계부 넓은 면적의 맨틀 물질이 가열되어 중심부 물질이 상승하기 시작하면서 원통형의 통로가 만들어지고, 많은 물질들이 상승하면 거대한 상승류(super plume)가 만들어지며, 이들은 상부 맨틀 및 하부 맨틀의 경계면(670킬로미터)에까지 도달한다.

③ 이때 경계면 위아래의 압력 차이로 인해 스피넬 구조(결정 구조의 하나)에서 감람석의 구조로 바뀐다. 대개는 경계면을 따라 수평으로 퍼지면서 가지를 치며 상승하여, 약 100킬로미터 두께의 판의 하부에 도달한다.

④ 이들이 판을 뚫고 지표면까지 나오게 되면 아프리카 열곡대와 같은 열점이 되며, 판에 균열(틈)을 만들고 올라와 해양저 산맥과 같은 확장축을 이룬다.

⑤ 해양저의 확장축에는 상부 맨틀의 물질이 계속 올라와 새로운 해양지각을 만들면서 옆으로 확장해 나간다. 오랜 세월 동안 수평 방향

으로 이동하는 동안 해양판은 식으면서 밀도가 커지며, 마침내 무거워져 섭입이 시작되고 상부 및 하부 맨틀의 경계면인 670킬로미터 깊이까지 내려가 옆으로 퍼지며, 위에서부터 계속 내려오는 해양판의 물질이 쌓여 큰 덩어리를 형성한다. 이때 덩어리 속의 감람석이 압력으로 스피넬로 바뀌게 되며, 이 덩어리가 더욱 무거워지면 간헐적으로 670킬로미터 깊이의 불연속면을 통과하여 하부 맨틀의 바닥으로 떨어지게 된다.

핵-맨틀의 경계면까지 떨어진 하강류는 액체로 되어 있는 외핵에 충격을 가하며, 액체의 특성상 한 장소에 가해진 충격은 다른 곳에서 위로

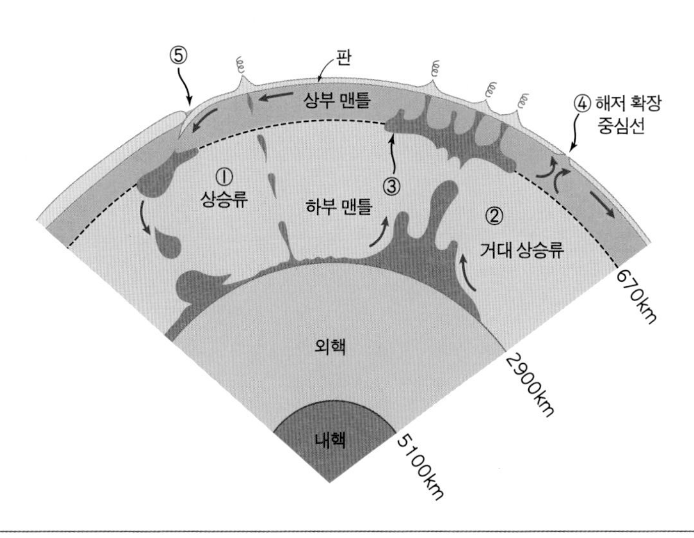

지구 내부의 거대 대류가 진행되는 과정을 보여 주는 모식도. 서울대학교 박창업 교수가 제공한 그림을 재구성하였음.

솟아오르는 현상을 만들어 낸다. 이렇게 솟아 오른 핵-맨틀 경계면 위의 맨틀 물질들은 주위보다 온도가 높아지면서 더욱 위로 올라가는 상승류를 이룰 수 있다. 하강류가 간헐적인 것처럼 상승류도 간헐적임은 물론이며 이런 과정을 거치면서 거대한 맨틀의 순환이 일어나는 것이다. 우리나라 주변에 대해서도 연구가 진행되었는데, 지금 언제 다시 폭발할 것인지를 두고 많은 이야기가 있는 백두산도 200여 킬로미터 깊이에 뜨거운 용암이 자리를 차지하고 있다고 한다.

앞으로의 과제들: D"층의 성질, 거대 대류와 지구 자기장

거대 대류 과정을 통해 지구는 끊임없이 열을 잃지만 아직도 핵의 중심은 약 5,000℃, 핵-맨틀의 경계는 3,000~4,000℃ 정도의 온도를 가져 맨틀과 핵 사이에는 현저한 온도 차이가 있다. 일정하지는 않지만 지역에 따라 수백 킬로미터의 두께를 가진 외핵과 맨틀의 경계부는 지구 내부의 가장 중요한 경계의 하나로서, 온도와 밀도의 큰 변화를 보이는 물리적 경계일 뿐만 아니라 철에서 규산염으로 바뀌는 화학적 경계이기도 하다. 차가워진 해양판이 이곳까지 도달하며 따뜻해진 상승류가 이곳에서 솟아오른다. 지진학자들은 이 경계를 D"층(D" layer)이라고 부르는데, 이 층의 구조와 특성을 규명하는 것은 지진파단층촬영법, 고압지구물리학 등의 아주 흥미로운 과제의 하나가 되어 있다.

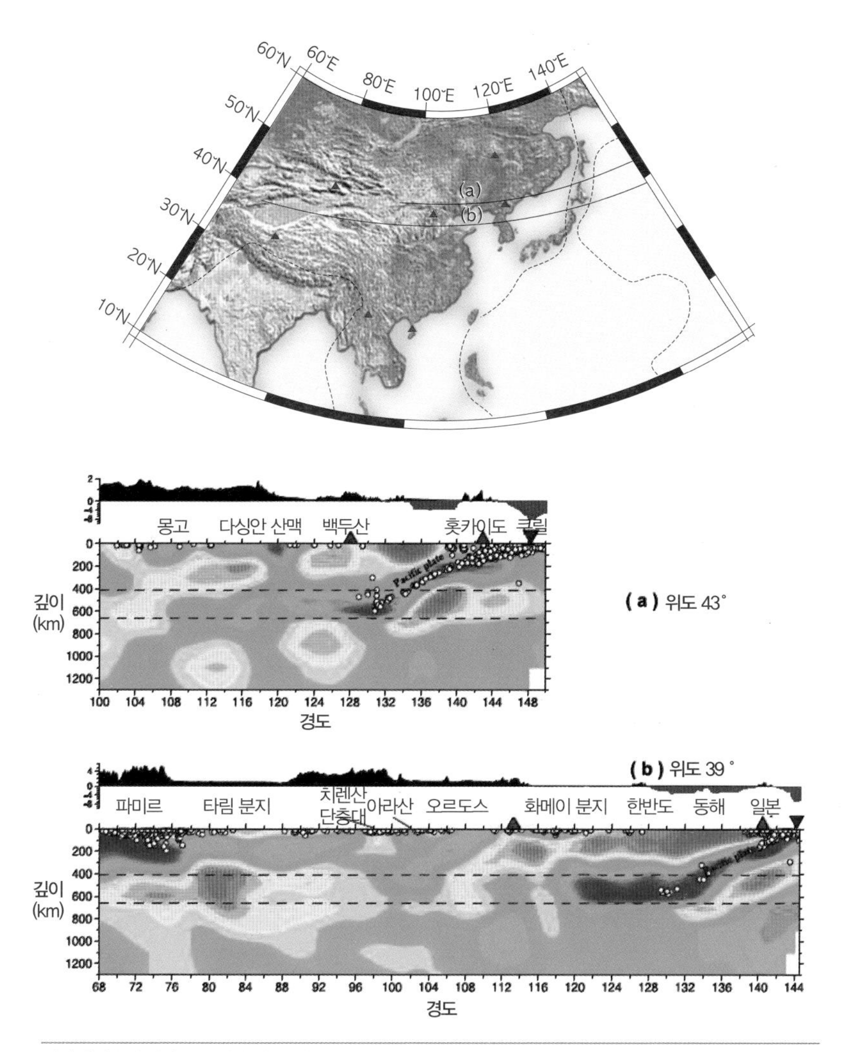

지진파단층촬영법으로 알아낸 우리나라 주변의 지구 내부 모습. 두 번째 그림은 백두산을 지나는 (a)단면이고, 세 번째 그림은 한반도 중부를 가로지르는 (b)단면이다. 일본 열도 밑으로 섭입한 지판이 670킬로미터 정도의 깊이에 쌓이며 그 위에 백두산이 위치하고 있는 모습이 보인다. 속도가 늦어지는 부분이 적색으로, 빨라지는 부분이 청색으로 표시되어 있는데, 적색의 영역은 온도가 높은 지역, 청색의 영역은 온도가 낮은 지역으로 해석할 수 있다.(출처: 일본 도후쿠대학교 趙大鵬 Dapeng Zhao 교수)

지진파단층촬영법을 통하여 알게 된 지구 내부의 거대한 대류 현상을 지구 자기장과 연관시켜 보는 것도 재미있는 과제이다. 외핵은 전기 전도도가 큰 용융 상태의 철과 니켈로 구성되어 있으므로, 이들이 유동함으로 자기장이 발생한다. 그런데 맨틀의 거대 하강류가 내려와 외핵에 충격을 주면 어떻게 될까? 외핵의 유동 상태가 바뀌면서 지구 자기장의 세기와 방향도 바뀌지 않을까? 이런 과정들에 대한 자세한 메커니즘은 아직 정확히 밝혀지지는 않았지만 아주 흥미로운 과제가 될 것임은 틀림없다.

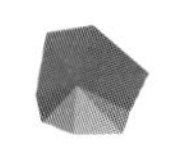

9. 소금광산의 비밀

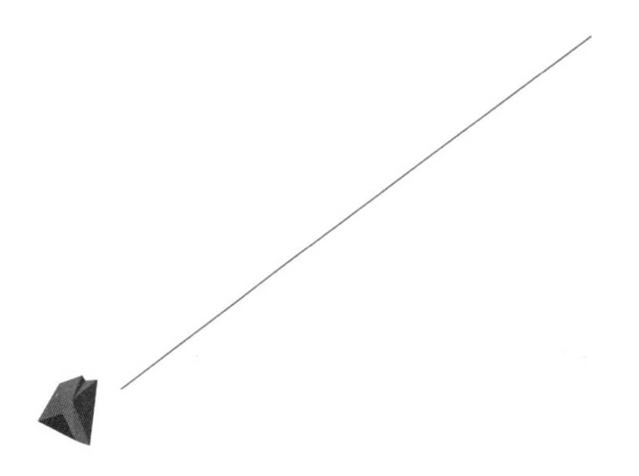

판구조론의 확립은 지구과학의 여러 난제들에 대하여 일찍이 베게너가 제시하였던 답안들이 정답이었음을 분명히 해주었다. 이에 더하여 그동안 바른 답을 찾기 힘들었던 다른 여러 난제들에 대해서도 명쾌한 답, 아니면 답을 찾아갈 수 있는 방향을 자연스럽게 제시해 주었다. 이런 난제들 중 대표적으로 꼽을 수 있는 것이 바로 소금의 생성과 관련되어 풀지 못하던 소금광산 문제이다.

세계 곳곳에는 소금으로 이루어진 산들이 있다. 이런 곳에서는 마치 광산에서 광석을 캐듯이 산에서 소금을 캐내거나 얻을 수 있다. 그런데 어떻게 해서 소금산이 만들어졌는지를 기존의 지구에 대한 이해로는 답을 찾을 수 없었던 것이다.

요즈음에는 소금이 우리 주위에 너무 흔한 데다가 값이 싸고 쉽게 구할 수 있기 때문에, 소금이 우리 생활에 얼마나 긴요한지 잘 느끼기 어렵다. 나아가 소금을 많이 섭취하면 건강에 좋지 않으므로 소금을 적게 먹어야 한다는 분위기가 지배적이다. 하지만 소금은 문명이 시작된 후 오랫동안 모든 사회에서 절실하게 필요로 했던 귀한 물건들 중의 하나였다. 소금에 관한 유명한 프랑스 민담이 있다. "저는 아버지를 소금만큼 사랑해요."라는 딸의 말에 심한 모욕을 당했다고 생각한 왕이 딸을 왕국에서 추방하였다. 그런데 창고에 소금이 떨어져서 모든 음식의 맛이 없어지자, 왕은 뒤늦게 소금의 가치를 깨닫고 딸을 불러들였다고 한다.

소금과 문명

오래 전부터 소금 생산 기술이 발달하였던 중국은 소금 관리의 중요성을 일찍 이해하고 최초로 정치화시킨 나라이다. 기원전 221년 중국을 통일한 진시황이 소금과 철을 독점하여 이전 시대에 비하여 스무 배의 이익을 남겼다는 기록도 전해진다. 이어 한 무제는 국가 재정을 튼튼히 하기 위해서 소금을 전매하는 제도를 시행하였는데, 이때 조정의 신하들이 두 편으로 나뉘어 이 제도를 시행할 것인가 말 것인가를 두고 격렬한 논쟁을 하였다는 기록도 있다. 이후 청나라에 이르기까지 소금은 국가 재정의 중요한 원천으로 국가의 최우선 관리 대상이었다.

유럽에서도 이미 기원전 1000여 년에 광산에서 소금을 캐내는 소금

생산지가 많이 발달해 있었다.(지금도 잘츠부르크에는 관광 코스에서 빠지지 않는 곳으로 유명한 소금광산이 있다.) 6세기 경 게르만족을 피해 아드리아 석호 내의 섬들로 이주하면서 세워진 도시국가 베네치아가 지중해를 누비는 해상 강국으로 발전할 수 있었던 막강한 경제력도 바로 소금에 기반한 것이었다. '생산'을 통제한 중국과 달리 '무역'을 활용하면 돈벌이가 된다는 것을 안 베네치아는 소금을 싣고 오는 상인들에게 오히려 장려금을 지급하며 배를 끌어들여 해상권의 경쟁에서 승리할 수 있었다.

놀라운 이야기로 들리겠지만 우리나라도 1961년에 『염 전매법』이 폐지되고 민영화가 되기까지 정부가 염을 전매하면서 소금의 판매를 통제하였다. 겨울철 김장을 담그는 데 필요한 소금이 전 국민에게 골고루 보급될 수 있도록 정부가 전매청을 두어 소금의 판매를 관리하였던 것이다.

모차르트의 탄생지 잘츠부르크. 이 도시의 이름(소금, salz)에서 이곳이 유럽의 고대 소금 집산지의 하나였음을 알 수 있다.

짠 바닷물

소금광산이 없는 곳의 사람들은 소금을 어떤 방법으로 얻었을까? 고맙게도 바닷물에는 1리터에 약 35그램(3.5%)의 염(소금)이 녹아 있기에 이런 바닷물을 졸여 소금을 만들어낼 수 있었다. 그런데 바닷물은 왜 이렇게 짜게 된 것일까?

아마 많은 사람들이 어렸을 적 한 번은 들어보았으리라 생각되는 이야기가 하나 있다. 옛날 어느 임금님의 귀중한 보물이었던 요술 맷돌을 훔친 도둑이 있었다. 그는 배를 타고 도망치면서 요술 맷돌에 소금을 만들어 보라고 주문하였다. 요술 맷돌이 만들어내는 소금에 너무 흥분한 도둑은 이제 멈추라는 주문을 그만 잊어버리고 말았다. 결국 계속해서 만들어지는 소금에 배는 가라앉았고, 이때 가라앉은 맷돌이 지금까지 바닷 속에서 소금을 만들어 내고 있다는 이야기이다.

실은 이 요술 맷돌 이야기는 바닷물이 짜진 연유를 설명하여 주는 아주 적절한 비유이다. 화학해양학의 아버지라 불리는 영국의 보일(Robert Boyle, 1627~1691)은 1670년경 강물과 같은 담수(fresh water)가 바다로 흘러 들어가면서 적은 양이지만 여러 종류의 육상의 암석들을 녹여 바다로 운반하고 있음을 밝혀 냈다.(이런 과정을 '풍화'라고 부른다.) 바로 강물이 거대한 요술 맷돌의 하나임을 지적한 것이다.

바닷물이 바다 이외의 다른 곳에 있는 물들에 비해서 얼마나 짠지를 볼 수 있는 한 방법은 빗물, 강물 그리고 바닷물에 녹아 있는 몇 가지 성분의 양을 비교해 보는 것이다. 이를 보인 도표를 보면 우선 바닷물에 녹아 있는 소금의 양이 바닷물 1리터에 34.4그램이나 되어 1리터에 7.1

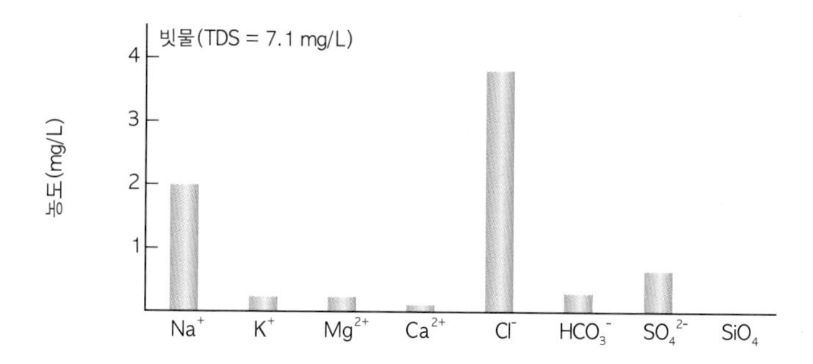

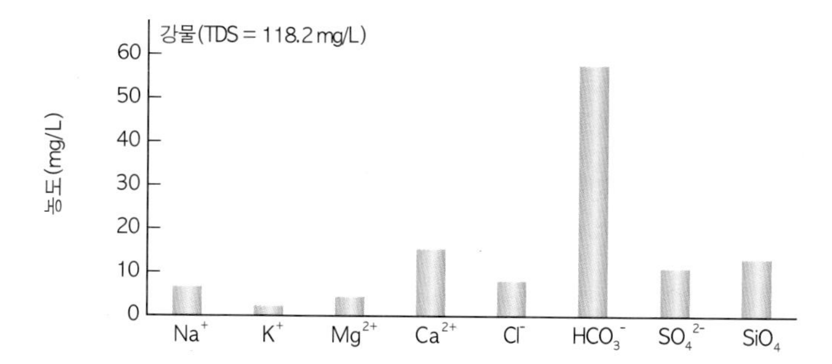

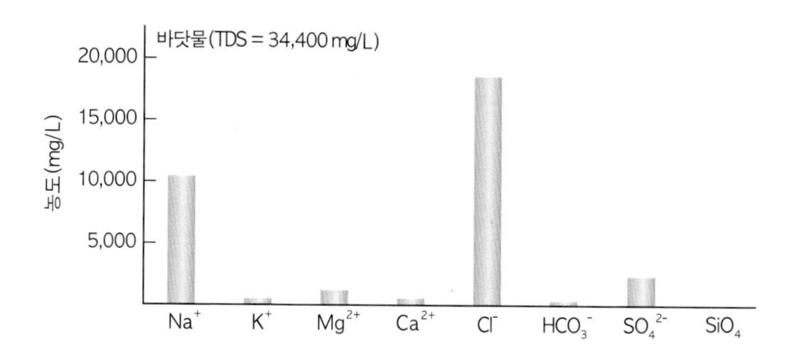

빗물, 강물 그리고 바닷물 속에 녹아 있는 주요 성분들의 양을 보여 주는 도표.
TDS(Total Dissolved Solids)는 물 1리터에 얼마나 많은 이물질이 녹아 있는지를 수치로 나타낸 것이다.

밀리그램 정도밖에 녹아 있지 않은 빗물에 비하여 약 6,000배 정도 많으며, 중간 정도인 강물(118.2밀리그램)에 비해서는 적어도 400배 이상의 짠물이 되어 있음을 알 수 있다.

흥미로운 것은 녹아 있는 물질을 구성하고 있는 주요 성분들의 분포이다. 특히 빗물이 바닷물과 소금이 녹아 있는 양으로는 큰 차이가 있음에도 불구하고 구성 성분의 분포는 매우 비슷하다. 이것은 빗물에 녹아 있는 염들의 대부분이 바닷물이 증발할 때 일부 함께 나와 섞인 것임을 암시하고 있다. 이에 비하여 빗물이 육상의 암석들과 많은 상호작용을 하면서 만들어낸 강물에 녹아 있는 성분들의 비를 보면 빗물과 상당히 차이가 있다. 특히 소금의 주 성분이 되는 나트륨(Na)이나 염소(Cl)의 상대비가 현저히 작고, 탄산염(HCO_3), 그리고 암석을 이루는 주 성분인 규산염(SiO_2)이 상당히 많다. 이는 공기 중의 탄산가스가 빗물에 녹아들어가서 탄산이 되어 육상의 암석들과 만나 이들을 서서히 녹아내면서 만들어진 결과이다. '풍화 작용'이라고 불리는 이런 과정을 통해 빗물이 요술 맷돌 역할을 하면서 끊임없이 풍화의 결과물들을 바다에 공급하고 있는 것이다.

그런데 이렇게 요술 맷돌 강물이 바다에 공급해 주는 성분들과 실제 바닷물에 많이 녹아 있는 성분들은 그 모습이 현저히 다르다. 바닷물에는 소금 성분(Na, Cl)이 현저히 많다. 왜 이렇게 된 것일까? 바다는 다양한 생명체들이 활동하는 생명의 요람이다. 그런데 바다에서 생명 활동이 진행되는 동안에 이에 필요한 성분들은 선택적으로 많이 사용되는 반면, 생명 활동에 깊이 관여되어 있지 않은 소금 성분(Na, Cl)은 사용되지 않고 바다에 점점 쌓이게 되었다. 그 결과 소금 성분이 많이 녹아 있는 오늘날의 바닷물이 된 것이다.

소금 만들기

해안가 사람들은 오랫동안 짠 바닷물을 끌어들인 염전에서 천연으로 바닷물을 졸여 소금을 만들었으며, 이런 방법은 오늘날까지 이용되고 있다. 바닷물을 졸여 부피가 충분히 줄어들면 우선 약간의 탄산염($CaCO_3$), 황산염($CaSO_4$)이 석출되기 시작하며, 이윽고 부피가 약 1/10 이하로 졸아들면 마침내 소금(NaCl)이 석출된다.(이는 바닷물에 소금이 현재보다 10배 가까이 더 녹을 수 있음을 말해 준다).

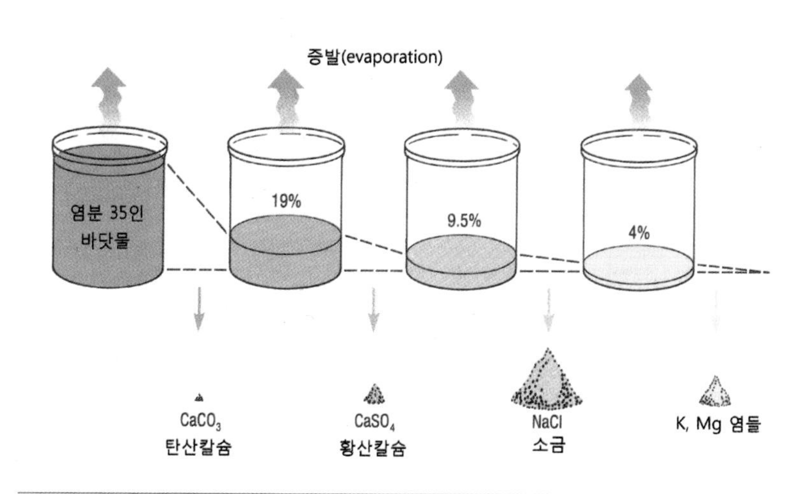

1리터에 약 35g의 염(3.5%)이 녹아 있는 바닷물을 졸여 부피가 충분히 줄어들 때 생성되는 탄산염($CaCO_3$), 황산염($CaSO_4$), 소금(NaCl) 등의 여러 염들이 생성되는 순서를 보여 주는 모식도

그런데 바다에서 멀리 떨어진 곳이라도 소금 우물(염정)이 있는 지방에서는 이를 퍼내 염전에서 졸이거나 솥에서 끓여 소금을 석출시킬 수 있었다. 염정에서는 약 20% 농도의 소금물도 얻을 수 있었으며, 중국의 사천성 등에서는 오래전부터 염수를 담을 수 있는 대나무 통과 이들을 염정에 내렸다가 지상으로 끌어 올릴 수 있는 기중기를 이용하여 지하 수백 미터 이상 깊이의 염정에서 소금물을 퍼내는 기술을 발전시켜 왔다. 그리고 이렇게 끌어올린 소금물을 가마솥에서 졸여 소금을 만들었다. 중국 일부 지방에서는 아직도 이런 전통적 기술을 이용하여 소금을 만들고 있다고 한다.

사천성 쯔공[自貢]에 남아 있는 염정에 사용되던 대나무 관다발과 기중기의 모습 및 아직도 옛 모습으로 소금을 졸이는 모습

염정과 소금산의 비밀

바다에서 멀리 떨어진 내륙 지방의 염정이나 수백 미터나 되는 거대한 소금산은 도대체 어떻게 만들어진 것일까? 오늘날도 페르시아만 삽카지역(sabkha, 소금 습지 – salt marsh – 를 의미하는 아랍어)에서는 자연적으로 암염이 형성된다. 증발이 활발한 지역에서 바닷물이 졸아 암염이 만들어지는 것은 통상의 이치인데, 문제의 핵심은 이때 만들어지는 염들의 양은 두꺼운 소금산을 만들 정도로 많지는 않다는 것이다. 만일 오늘날 바닷물이 다 졸아 소금이 침전된다고 가정할 때 만들어지는 소금층 두께는 불과 40여 미터도 되지 않는다. 이런 문제에 대한 궁극적인 답은 바로 탄성파 탐사(seismic survey)라는 기술의 개발과 함께 판구조론이라는 새로운 생각의 틀로 무장한 과학자들의 바다 탐구를 통해서 얻어지게 된다.

퇴적물 속을 들여다보다

군함이나 잠수함 영화에서 흔히 볼 수 있는 소나가 첫 선을 보인 것은 1912년 타이타닉 호 사건 발생 2년 후이다. 소나는 선박 주위 360도 방향으로 쏜 초속 1,500미터 정도의 음파가 주변의 물체에 부딪힌 후 되돌아오는 시간을 측정하여 물체의 방향과 거리를 알아내는 장비였다. 소나의 개발은 곧 음향측심(echo sounding) 기술의 발전으로 이어졌다. 수직으로 해저를 향해 쏜 음파가 해저 면에 도달한 후 반사되어 배로 되돌아오는 데 걸리는 시간을 재어 수심을 측정하는 원리였다. 이로 인해 바다 밑에 감추어져 있던 해저 산맥, 해구 등 해저의 모습이 밝혀졌으며, 앞에서도 이야기한 것처럼 이런 자료가 1960년대 판구조론의 확립에 중요한 역할을 하였다.

그런데 제2차 세계대전 후에 수심 측정용 음파(3.5 KHz)보다 좀 더 긴 파장의 음파를 사용하면 음파가 퇴적층 표면을 뚫고 들어가 더 깊은 곳의 단단한 바닥에서 반사하여 되돌아오며, 이를 연구하면 퇴적층 내부 구조를 알아낼 수 있으리라는 이론이 대두되었다. 1950년대 적절한 에너지원으로 에어건(airgun, 압축공기음원)이 채택되며 오늘날 해저의 유전 탐사에 결정적인 역할을 하는 탄성파 탐사 기술이 태어난 것이다.

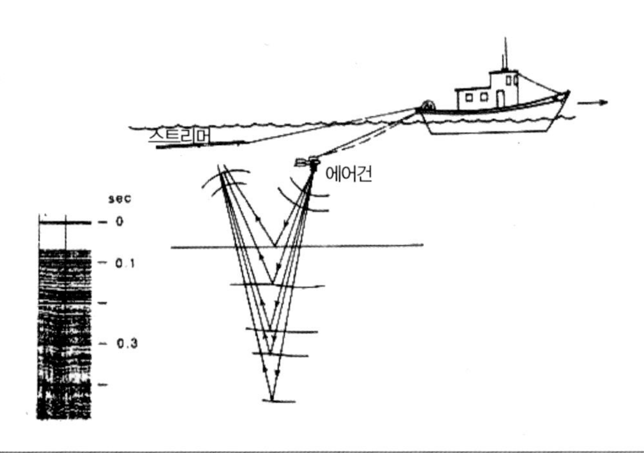

퇴적물 내부의 구조를 살필 수 있는 탄성파 탐사의 모식도

지중해는 한때 사막이었다

1969년에 새로 개발된 연속 해저탐사 관측장비를 탑재하고 지브롤터 해협을 지나 지중해로 진입한 미국 우즈홀 해양연구소 탐사선 체인(Chain)은 암염이 기둥 모양으로 나란히 배열되어 퇴적층 내에 돌출되어 있는 암염돔(salt dome)을 발견하였다. 암염돔이란 주위의 퇴적물에 비해 단단하여 석유나 천연 기체의 중요한 저장고 역할을 할 수 있는 지질 구조이다. 이어 1970년에 지중해에서 수행된 심해저시추사업(DSDP)을 통해 지중해 서편 발레아레스 분지에서 두께가 무려 1,800미터에 이르는 대규모의 암염돔을 발견하는 개가를 올렸으며, 1975년 수행된 2차 탐사는 이들 분포가 지중해 전역에 걸쳐 있음을 확인시켜 주었다. 더욱 흥미로운 것은 암염이 퇴적되어 있는 모습이었다. 바닷물을 졸일 때 맨 처음 석출되는 탄산염이 맨 가장자리에, 두 번째로 석출되는 황산염이 그 안쪽으로 테를 이루며 중앙에는 그 이후 석출되는 소금이 퇴적되어 있는 모습이었다. 어떻게 지중해 퇴적물 내에 이런 두꺼운 암염층이 만들어질 수 있을까?

과학자들은 지중해를 중국인의 조리 기구인 밑이 둥근 그릇(wok) 모양으로 가정하고 지중해의 바닷물을 완전히 졸이면 이런 모양의 퇴적이 일어난다는 것을 알게 되었다. 바닷물이 완전히 졸아 지중해가 사막이 되었던 때가 있었다는 결정적 증거를 찾은 것이다. 이곳에 있을 것으로 추정되는 약 100만 km^3의 염(2.2×10^{15}톤)은 바다 전체 염의 약 4.6%나 되는 엄청난 양이다.

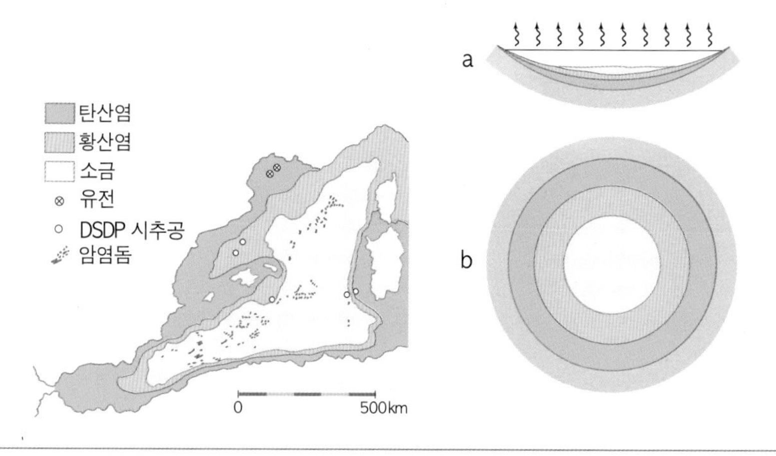

지중해 발레아레스에서 발견된 염들의 분포 모습 및 이를 설명하기 위해서 제안된 밑이 둥근 그릇에서 소금물이 증발할 때 생성되는 염의 분포 모습을 보여 주는 모식도

또 하나의 유레카

유명한 휴양지로 둘러싸인 지중해는 강수에 비해 증발이 더욱 활발하여 대서양보다 해수면이 낮다. 이 때문에 대서양의 표층해수가 지중해로 밀려들어오며, 이 밑으로는 고염의 지중해 심층수가 대서양으로 빠져나간다. 제2차 세계대전 당시 잠수함들이 엔진을 끄고서도 이들 해류를 이용하여 지중해를 들락날락할 수 있었던 것은 해전사의 중요한 일화이다. 그런데 만약 길목인 지브롤터 해협이 막혀 대서양 해수가 더 이상 지중해로 흘러들어올 수 없다면 어떻게 될까? 증발이 많아지고 수면이 낮아져 결국 말라붙게 될까? 혹시 이런 과

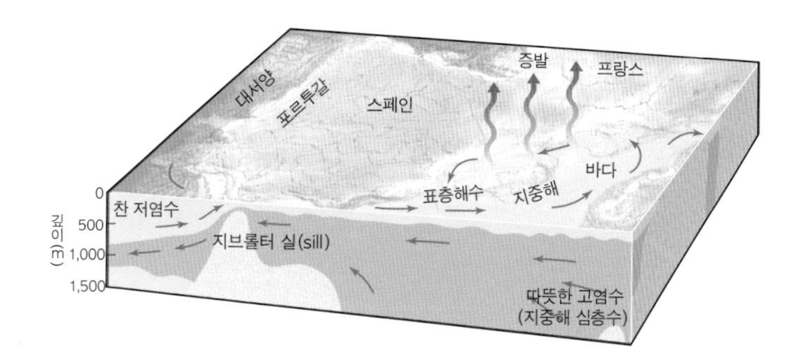

따뜻하고 건조한 날씨로 인하여 해수의 증발이 활발하므로 지중해의 해수면은 대서양보다 낮다. 이로 인해 표층해수가 대서양에서 지중해로 유입되며, 그 아래에서는 지중해의 심층수가 대서양으로 유출된다.

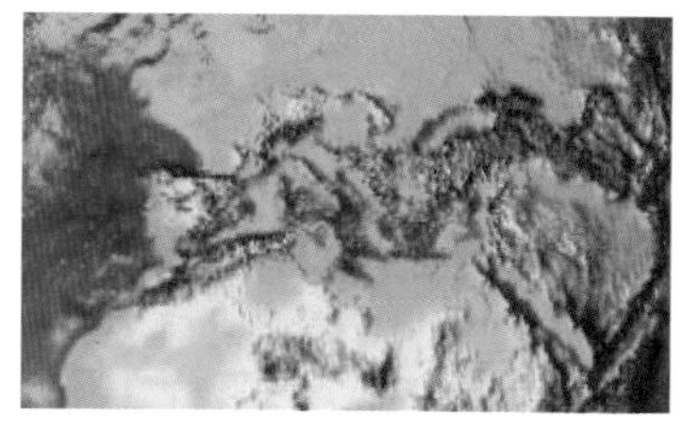

지중해 주변의 지형도. 오른쪽은 왼쪽의 지형도를 확대한 것이다.

정을 통해서 지중해 내의 암염층이 만들어진 것은 아닐까? 실제 퇴적된 염의 양은 이 과정이 여러 번 반복되었음을 보여 준다.

지브롤터 해협이 막힌다는 것은 이전에는 상상할 수도 없는 엄청난 일이었다. 그러나 1960년대 후반 판구조론을 받아들인 과학자들에게 아프리카판과 유라시아판이 힘을 겨루는 경계 지역인 지브롤터 해협이 잠시 막히는 것은 전혀 문제가 아니었다. 이것은 지금부터 약 500~600만 년 전인 마이오세 말기에 실제로 일어났던 일이다. 내륙의 많은 암염층은 지구조 운동으로 대륙에 갇힌 큰 바다가 말라붙으면서 형성된 것이다. 더구나 쌓인 암염층의 두께를 보면, 지중해가 말라붙은 후 해협이 다시 열리면서 해수가 들어오고 또 다시 해협이 닫히면서 말라붙고 하는 과정이 여러 번 반복되었던 것을 알 수 있다. 판구조론이 알려 준 또 하나의 '유레카'였다.

10.
끊임없이 모습을 바꿔 온 아름다운 지구

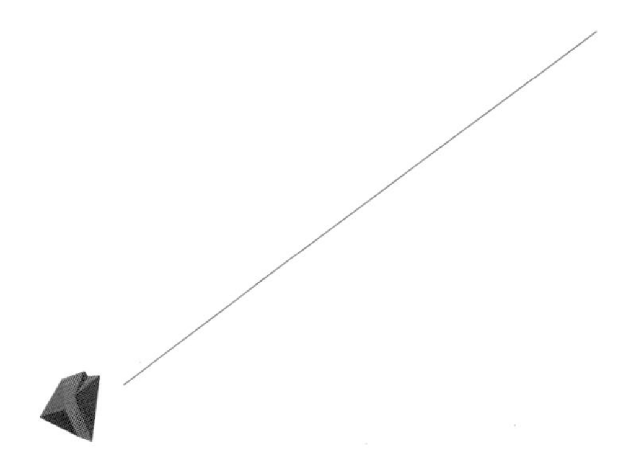

자, 이제 우리가 이 책의 맨 처음에 제시하였던 질문으로 되돌아갈 준비가 된 것 같다. 46억 년 전 태어난 우리 행성 지구는 과연 태어나면서부터 이런 아름다운 모습을 하고 있었을까? 아니면 언제부터 이런 모습을 갖게 된 것일까?

오늘날 지구과학자들은 영화를 거꾸로 돌리듯이 판들의 운동을 과거로 되돌리면서 지구의 과거 모습을 찾아갈 수 있게 되었다. 이렇게 알아낸 지구의 과거 모습을 보면 대개 지금부터 약 2억 5,000만 년 전(지구 달력 고생대의 페름기)에 이르러서야 현재 우리가 보는 대륙들이 그 모습을 갖추게 된다. 물론 당시 이들은 하나의 거대한 대륙으로 모여 초대륙을 이루고 있었으며, 이 초대륙에는 '대륙이동설'을 주장하였던 베게너

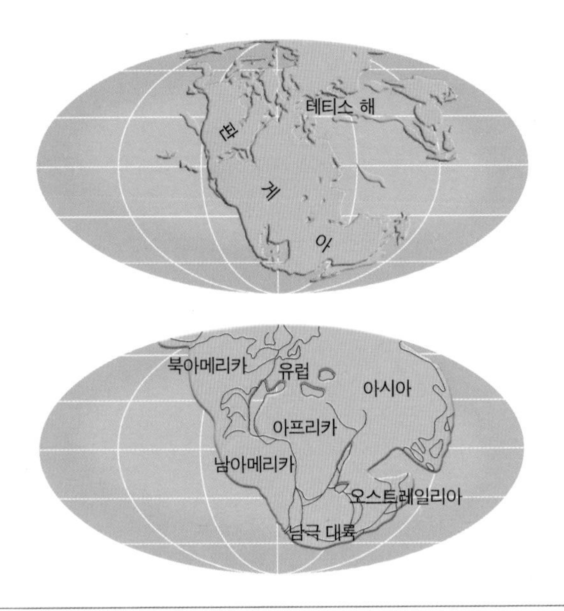

지금부터 약 2억여 년 전 여러 대륙이 초대륙 판게아로 모여 있던 시절의 지구 모습

의 제안대로 '판게아'라는 이름이 붙어 있다. 2억 5,000만 년은 우리가 보기에는 엄청나게 긴 시간이지만, 46억 년 나이의 지구로 보면 마지막 5퍼센트밖에 되지 않는 최근의 짧은 시간이다. 이때부터 판게아가 여러 개의 작은 대륙으로 쪼개지고 이동하고 충돌하면서 지구는 계속 모습을 바꾸어 오늘에 이르렀다. 이제 이 시기 동안 일어났던 주요 사건 몇 가지를 살펴보자.

누대		대	100만 년 전
현생누대		신생대	65
		중생대	248
		고생대	540
선캄브리아시대	원생대	후기	900
		중기	1600
		전기	2500
	시생대	후기	3000
		중기	3400
		전기	3800
	은생대		4500

대	기	세	100만 년 전
신생대	제4기	홀로세	0.01
		플라이스토세	1.8
	제3기	플라이오세	5.3
		마이오세	23.8
		올리고세	33.7
		에오세	54.8
		팔레오세	65.0
중생대	백악기		144
	쥐라기		206
	트라이아스기		248
고생대	페름기		290
	석탄기	펜실베니아기	323
		미시시피아기	354
	데본기		417
	실루리아기		443
	오르도비스기		490
	캄브리아기		540
선캄브리아시대			

지구상에 살던 생물들이 남겨 놓은 흔적(화석)을 통해 만들 수 있는 지구 달력

공룡의 시대: 중생대

생명의 행성 지구는 태양계의 식구들 중 유일하게 과거 지구상에 살았던 생명들이 남겨 놓은 화석을 통해서 만들어 낸 특별한 지구 달력을 가지고 있다. 이 달력에 의하면 2억 5,000만 년 전은 대개 지구상에 어류, 양서류 등이 살았던 시대에서 공룡으로 대표되는 파충류의 시대로 넘어가는 시기에 해당한다. 이 시기는 거대 공룡

파충류의 시대를 대표하는 공룡. 거대 공룡이 지구상에서 사라지는 6,500만 년 전까지 1억 8,000만 년 정도를 중생대라고 부른다.

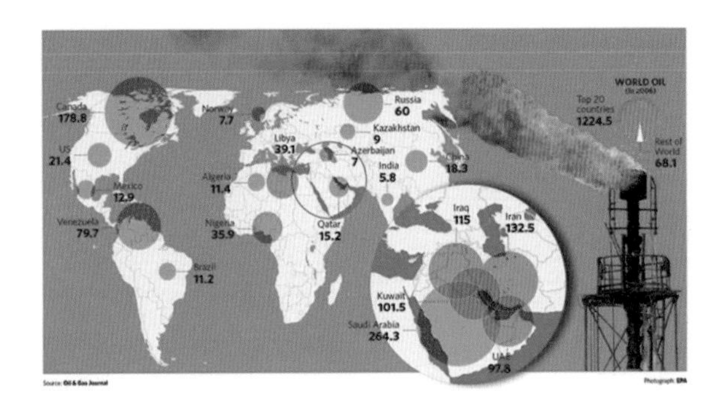

오늘날 석유가 나오는 지역

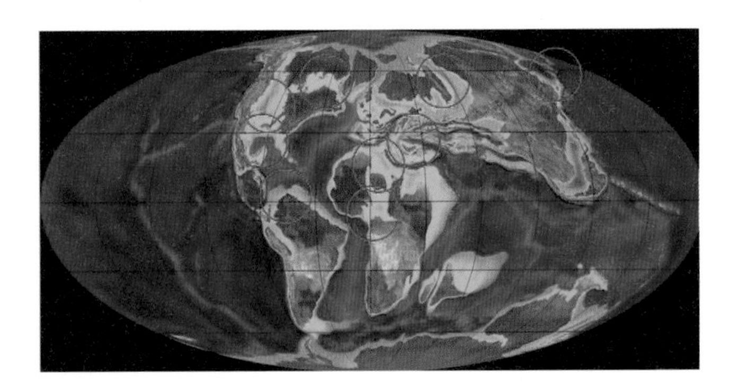

오늘날 석유가 나오는 지역을 중생대의 지도에 표시해 보면 얕고 따뜻한 바다라는 공통점을 가지고 있다. 중생대의 특징은 따뜻한 기후였으며, 실은 지구상의 많은 면적이 따뜻하고 얕은 바다로 이루어졌던 시대에 해당한다.(바탕 지도: Prof. Blakey, Colorado Plateau Geosystems, Inc.)

이 지구상에서 사라지는 6,500만 년 전까지 1억 8,000만 년 정도 유지되는데, 이를 중생대라고 부른다.

중생대는 따뜻한 기후, 지구의 많은 면적을 차지하고 있던 따뜻한 얕은 바다를 특징으로 하던 시대였다. 이때 바다에 살던 생물들은 죽은 후 우리들에게 석유라는 고마운 자원을 남겨 주었다. 약 6,500만 년 전 어느 날 지름 10킬로미터 이상 되는 거대한 운석이 지구에 충돌한 파국적 사건이 일어나면서 거대 파충류 시대는 종말을 고하고 포유류의 시대인 신생대로 진입하게 된다.

거대한 충돌로 시작된 포유류의 시대: 신생대

당시 지구의 모습은 오늘날과 제법 유사하면

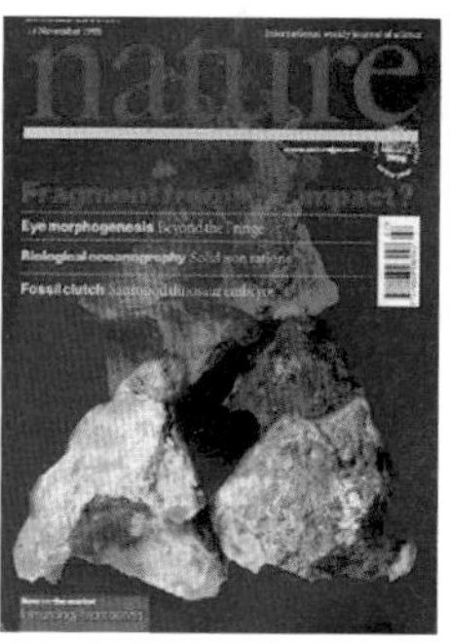

6,500만 년 전의 멕시코 유카탄 반도 Chiexulub에서 일어났던 운석의 충돌을 보여 주는 지도. 태평양에서 발견된 충돌이 만들어 낸 많은 파편의 모습을 보여 주는 과학 잡지 "Nature (Nov. 19, 1998)"의 표지 사진

서도 꽤 다른 부분이 있었다. 유라시아 대륙에 지구의 지붕이라고 불리는 티베트 고원이 아직 없었고 인도의 모습도 보이지 않으며, 그 자리에 테티스 해가 자리 잡고 있었다. 이후 지구는 여러 급격한 변화를 겪으면서 오늘에 이르게 되는데, 이는 지구 나이의 불과 1.8%밖에 되지 않는 짧은 시간 동안의 일이다. 이때 이루어진 중요한 사건들을 살펴보자.

남극 대륙의 독립

신생대에 일어난 중요한 사건으로 약 5,500만 년 전에 마무리된 남극 대륙의 고립을 들 수 있다. 서로 붙어 있던 남극 대륙과 인도, 오스트레일리아 및 아메리카 대륙이 떨어지면서, 그 사이에 바닷물이 차고 남극 대륙은 바다로 둘러싸인 고립된 대륙이 되었다. 이것은 신생대에 포유류가 이동하고 진화하는 데 큰 영향을 미친 중요한 사건이다. 더욱 중요

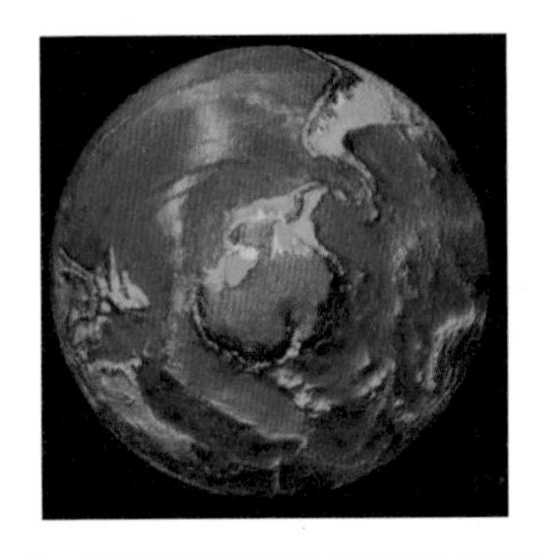

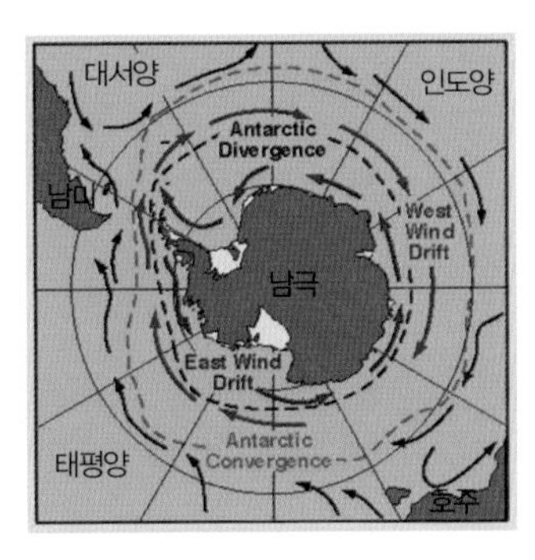

독립 대륙이 된 남극 대륙. 그 주위를 남극 순환류가 흐르고 있다.

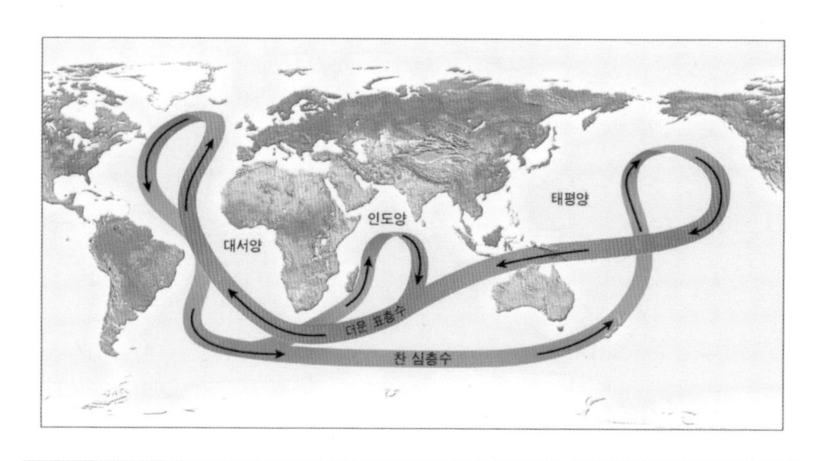

바다의 컨베이어 벨트라고 불리는 해수의 움직임. 대서양에서 시작하여 남빙양을 거쳐 인도양 태평양에 이르는 흐름을 통해 바닷물 전체가 섞이고 있다.

한 것은 남극 주위를 도는 차가운 '남극순환류(AACC, AntArctic Circumpolar Current)'가 형성되면서 남극을 점점 차게 만들어 이곳에 영구적인 빙모(氷帽, ice cap)가 형성되고 지구 전체의 기후가 현저히 낮아진 것이다.

우리들이 5대양이라고 부르는 대양 중 네 개인 태평양, 대서양, 인도양 그리고 남빙양이 사실은 남빙양으로 통해 하나의 바다가 되어 바닷물 전체가 계속 섞이고 있는 것이다. 과학자들은 이런 순환을 컨베이어 벨트를 통해 바닷물이 이동하며 서로 섞이는 것으로 일반인들에게 설명하고 있는데, 이것은 지구의 기후를 결정하는 매우 중요한 현상이다.

지구의 지붕 티베트 고원의 형성

또 하나의 결정적인 변화로 히말라야 산맥의 형성을 꼽을 수 있다. 인도 대륙이 남극 대륙에서 떨어져 나와 매년 10센티미터 이상의 고속(?)으로 북상하여 유라시아 대륙과 충돌하기 시작한 것은 약 5,500만 년 전의 일이다. 인도의 서북부 지역에서 충돌을 시작하여 대륙이 반시계 방향으로 서서히 회전하면서 테티스 해가 닫히기 시작하였다. 4,500만 년 전에 이르면 인도에 다양한 대륙의 포유류들이 출현하는데, 이는 이때부터 인도와 유라시아 대륙 사이에 육로가 충분히 형성된 것을 말해 준다. 그리고 2,000만 년 전이 되면 인더스 강, 갠지스 강 하구에 산맥이 풍화된 퇴적물들이 나타나기 시작하며, 이때에 이르러 히말라야 산맥이 융기하기 시작한 것을 알 수 있다. 그리고 약 400만 년 전에 이르면 최고

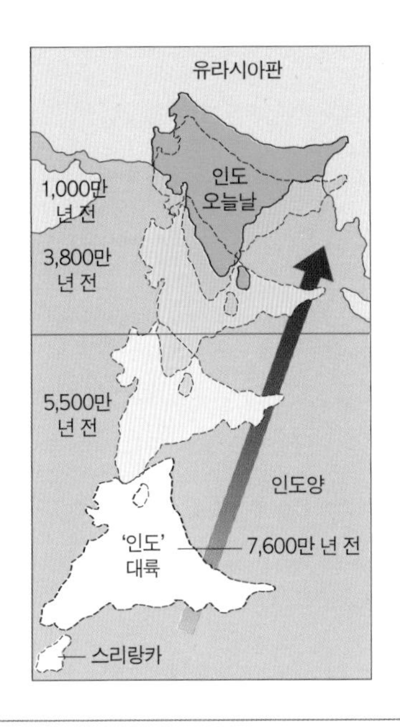

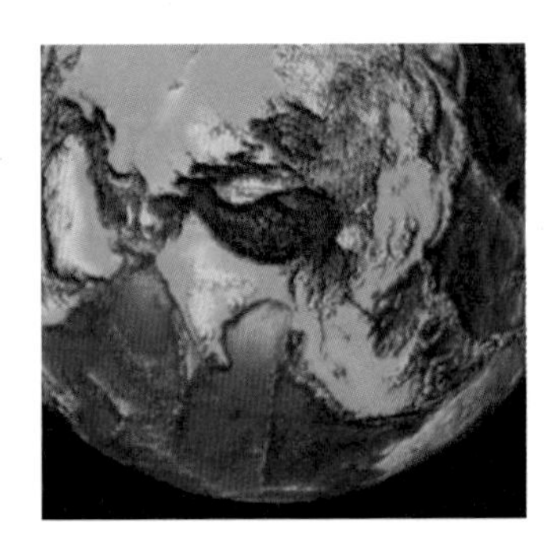

인도 대륙의 북상과 아시아 대륙과의 충돌을 보여 주는 모식도(왼쪽). 오른쪽은 인도의 충돌로 형성된 아시아의 지붕 티베트 고원의 모습. 오른쪽 그림에서 붉은 색 부분이 티베트 고원.

높이 8,800미터를 넘는 히말라야 산맥이 형성되며 융기 작용이 거의 마무리된 것으로 여겨진다. 서로 충돌하는 두 대륙이 테티스 해를 없애고, 그 자리에 거대한 산맥을 만들어 낸 것이다. 이런 거대 규모의 땅덩이로 인해 계절에 따라 대륙과 바다 사이의 바람 방향이 바뀌는 몬순(계절풍) 기후가 시작되었다.

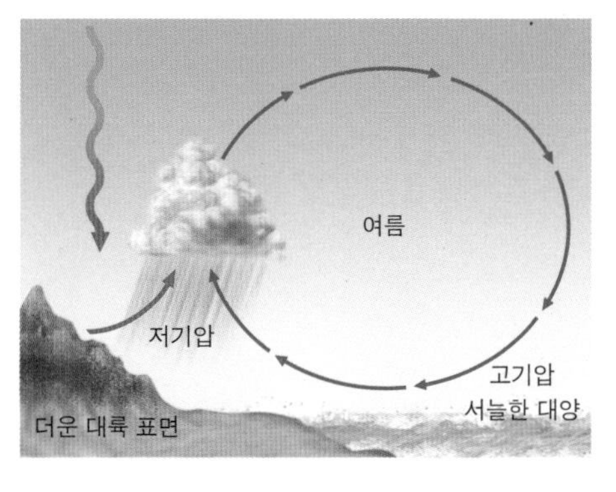

아시아권의 기후를 대표하는 계절풍은 티베트 고원이 형성되면서 시작된 이 지역의 특별한 기후 형태이다.

만류(Gulf Stream): 파나마 지협이 닫히다

마지막으로 꼽을 수 있는 가장 중요한 변화로, 약 300만 년 전 남·북아메리카 대륙이 파나마 지협에서 서로 연결된 것을 들 수 있다. 이 이전에는 대서양 적도 지방의 더운 해류가 그대로 태평양으로 흘러들어갔다. 그러나 이제는 파나마 지협의 장애로 따뜻한 해수가 북아메리카 대륙의 동쪽 해안을 따라 북진하기 시작하며, 이 멕시코 만류는 동토의 땅

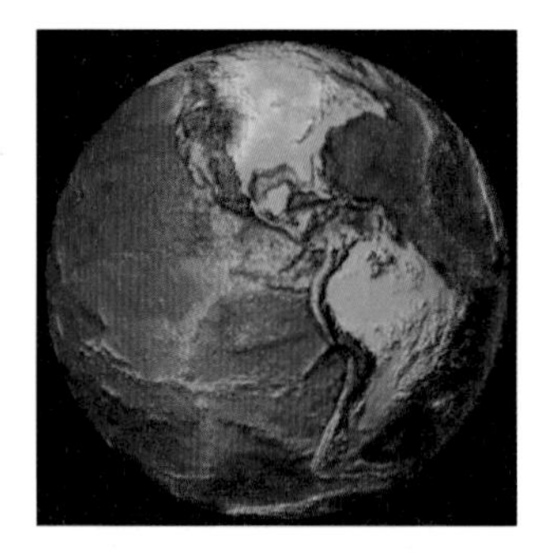

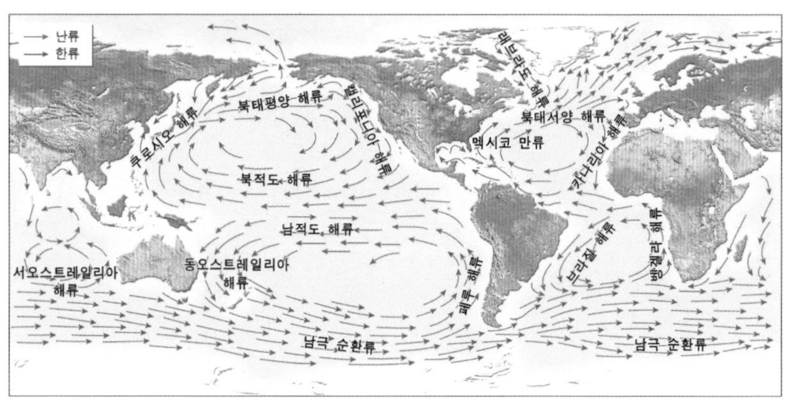

표층 해수의 운동. 지구 기후를 결정하는 중요한 과정이다.

유럽을 따뜻하게 덥히기 시작하였다. 이로 인해 북위 51.5도에 위치한 런던이 북위 37.6도의 서울과 비슷한 겨울 날씨를 갖게 되었다. 이것은 바다가 지구 기후에 얼마나 중요한지를 보여 주는 좋은 예이다. 이 즈음에 이르러서야 비로소 지구는 모습으로 보나 기후로 보나 오늘날의 지구 모습에 꽤 가까워진 것으로 여겨진다. 지구 나이의 99.93%가 경과한 후의 일이다!

특별한 기후현상: 밀란코비치 순환

파나마 지협이 형성된 것과 비슷한 시기에 지구 기후는 아주 특별한 패턴을 보이기 시작하였다. 즉 지구 기후가 10만 년을 주기로 따뜻한 기후(간빙기)와 찬 기후(빙하기)를 반복하게 된 것이었다. 이런 변화가 시작된 시기는 지구 달력에서 플라이스토세의 시작에 해당하며, 이 시기는 인류의 진화 과정에서 대략 구석기 시대가 시작되는 시기에 해당한다.

표석(Boulder)

1837년 7월 24일 스위스의 작은 도시 뇌샤텔(Neuchâtel)에서 열린 "스위스 자연사학회"에서, 개회사를 마친 학회장 애거시(Louis Agassiz, 1807~1873)가 어류 화석 강의를 기대하며 모인 청중들에게 느닷없이 '빙하기(Eiszeit, Ice Age, Glacial Age)'라는 제목의 강연을 시작하였다.

표석(boulder, 거대한 자갈)이란 원래의 암석층에서 멀리 떨어진 장소에 놓여있는 큰 바위 덩어리를 가리킨다. 그런데 표석이 어떤 방법으로 그곳까지 운반되어 왔는가 하는 문제로 17~18세기 유럽 과학자들은 애를 먹고 있었다. 성경에서 문제의 답을 찾던 당대의 지배적인 생각은 '노아의 홍수 때 물과 함께 떠내려왔다.'는 것이었다. 이에 부담을 느낀 여러 과학자들은 '홍수 때 암석들이 박혀있던 빙산이 떠내려와 녹으면서 암석들이 가라앉아 표석이 되었다.'는 얼음 뗏목을 생각하기도 하였다. 표석이라는 용어 자체도 이런 생각을 은연중 반영하고 있다.

그런데 이날 애거시는 과거 빙하기에 빙하가 훨씬 넓게 분포하였고, 팽창하는 빙하에 큰 돌덩이들이 떠밀려 왔으며, 간빙기가 되어 빙하가 후퇴하면서 그 자리에 돌들만 표석으로 남게 되었다는 엄청난 생각을

애거시와 거대한 표석

발표한 것이다. 청중들은 물론 이를 흔쾌히 받아들이지 않았다. 실은 애거시 자신도 1832년 약관 25세의 나이로 신설 뇌샤텔대학교의 자연사 교수로 부임할 때에는 이를 강력히 반대하던 사람 중의 하나였다.

빙하기가 있었다!

1836년 여름, 알프스 론(Rhone) 계곡 벡스(Vex)마을 소금광산을 감독하던 드 샤르팡티에(Jean de Charpentier, 1786~1855)의 초청으로 애거시는 가족들과 함께 그를 방문하였다. 드 샤르팡티에는 알프스 고지대를 몇 차례 여행한 후 이 고지대의 표석을 운반한 것은 틀림없이 빙하일 것이라고 믿고 있었다. 터무니없는 생각을 포기하고 얼음뗏목이론을 수용하도록 설득하겠다던 애거시는 막상 증거를 직접 보고 나서 드 샤르팡티에가 옳았음을 인정하지 않을 수 없었다. 이후 애거시는 자신의 전공이던 화석 어류 연구를 덮어두고 북극에서 시작하여 지중해에 이르기까지 광대한 빙상이 전 유럽을 뒤덮었었다는 생각을 뒷받침하는 증거를 수집하는 데 그의 온 힘을 쏟게 된다.

애거시는 강연에서 우선 드 샤르팡티에와 같은 선구적 과학자들이 그간 이룬 업적을 소개한 후 빙하, 빙퇴석 및 표석을 설명하는 자신의 빙하기 이론을 펼쳐나갔다. 이어 1840년에 자신의 생각을 담은 저서 『빙하에 관한 연구』를 발표하고, 또한 영국을 방문하여 당대 지질학의 거장 버클랜드(William Buckland, 1784~1856), 라이엘(Charles Lyell, 1797~1875) 등을 설득하여 마침내 빙하기의 증거가 논쟁의 여지가 없음에 의견 일치를 보았다. 애거시는 1846년 미국으로 건너가 이듬해 하버드대학교의 교수가 되어 미국에 머물면서 과학 발전에 큰 공헌을 하였다.

애거시는 '노아의 홍수'를 믿던 과학자들이 사고의 틀을 넘어 발전할 수 있도록 해주는 큰 기여를 하였으나, 독실한 기독교인이었던 퀴비에(Georges Léopold Cuvier, 1769~1832)의 영향을 받아 당시 다윈이 제시한 '진화론'을 끝까지 받아들이지 않고 1873년 세상을 떠났다. 그러나 이때쯤 되면 빙하기의 존재 유무는 더 이상 문제의 대상이 될 수 없었다. 가장 중요한 문제는 빙하기가 왜 지구상에 도래하는가 하는 것이었음은 물론이다.

밀란코비치 순환

오늘날 과학자들은 케플러가 확인한 타원형 궤도를 따라 태양 주위를 도는 지구의 공전에서 이런 기후 변동의 원인을 찾을 수 있다고 믿는다. 문제는 공전과 관련된 천문 변수들의 작은 요동이다. 지구의 자전축은 약 2만 6,000년을 주기로 세차운동을 하며, 공전 궤도의 이심률도 약 10만 년의 주기로 변화한다. 또한 공전 면에서 약 23.5도 기울어진 지구 자전축의 기울기도 약 4만 1,000년의 주기로 커졌다 작아지는 요동을 한다.

1904년 독일의 수학자 필그림(Ludwig Pilgrim)은 지난 수백만 년 간의 세 변수들의 변화 모습을 계산한 결과를 발표하였는데, 이런 요동으로 지구의 단위 면적이 받는 태양에너지가 주기적인 변동을 하게 된다는 것이었다. 밀란코비치(Milutin Milanković, 1879~1958)는 이런 변화가 어느 정

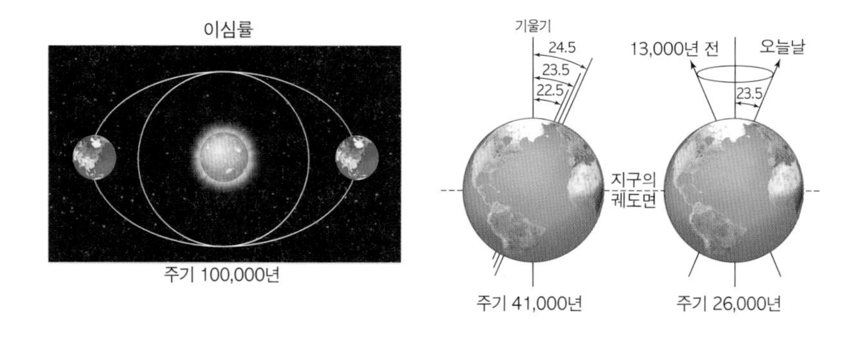

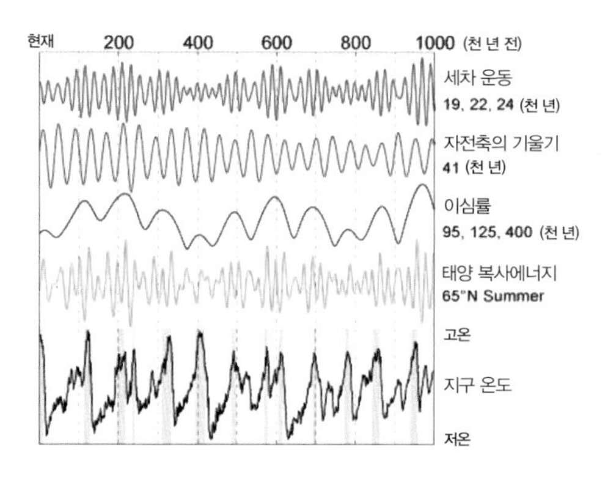

밀란코비치가 생각하였던 지구 공전의 요동들

해진 위도에서 지표면의 단위 면적에 도달하는 열량을 계절적으로 어떻게 변화시키는지를 계산하여 주기적 반복이 있음을 보였다. 그는 초창기의 연구를 정리하여 1920년에 책으로 발간하였고, 제2차 세계대전이 진행되던 1941년 그의 나이 62세 때 일생의 업적을 정리한 책 『일사와 빙하시대 문제(Canon of Insolation and the Ice Age Problem)』를 벨그라드에서 출간하였다.

분명히 확인된 빙하기의 기록들

과거의 기후에 관한 자료들이 불충분하였던 시절, 과학자들이 밀란코비치의 예측을 쉽게 받아들일 수 없었던 것은 사실이다. 그러나 1950년대에 이르러 바다 밑 퇴적물에 간직된 생물 유해의 탄소동위원소비나 고위도 지역의 빙하를 이루는 물들의 수소동위원소비 등을 조사하여 밝힌 연구 결과들은 지구가 지난 300만 년 동안에 약 10만 년을 주기로 추운 빙하기와 따뜻한 간빙기를 왕복하는 기후 변동이 있었음을 보여 준다. 최근에 이르러는 빙하의 자료를 통하여 이런 기후 변동을 더욱 확실히 확인할 수 있게 되었다. 과학자들은 주기적으로 변동하는 기후 이론을 체계적으로 확립시킨 밀란코비치의 이름을 따 밀란코비치 순환(Milanković cycles)이라고 부르고 있다.

해수면의 변동

기후 변화에 수반하여 지구가 겪은 아주 중요한 사실은 빙하기에 약 120미터에 이르는 표층의 해수가 육상의 빙하로 옮겨왔다가 간빙기가 되면 다시 바다로 녹아 돌아가는 해수면의 변동이 있었다는 것이다. 지난 빙하기의 절정에 있었던 약 2만 년 전 해수면은 현재에 비해 약 120미터 이상 낮았었다. 지난 2만 년 동안의 해수면의 변동을 조사한 자료는 빙하기를 거치고 지구가 따뜻해지면서 빙하가 녹아 바다로 다시 돌아와 해수면이 높아지기 시작하여 약 8,000년 전에 이르러서야 오늘날

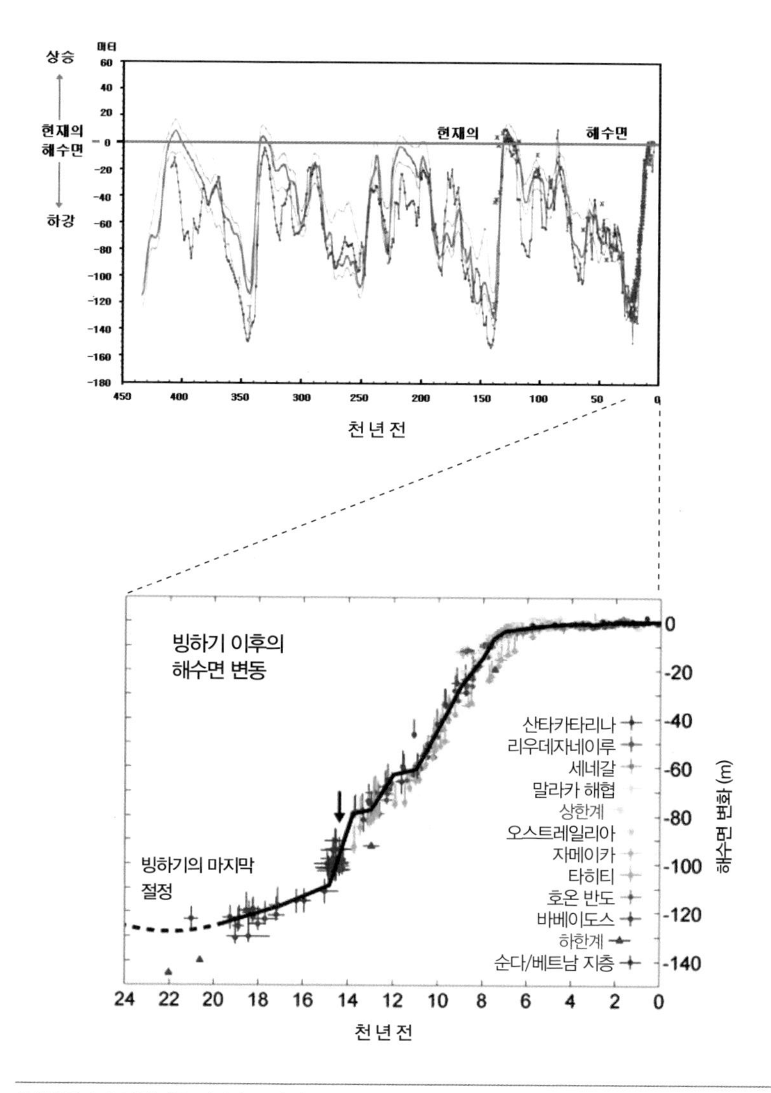

(위)빙하기와 간빙기를 거치며 주기적으로 변하는 해수면 변동. 빙하기 시절 해수면이 현재의 해수면에 비하여 평균적으로 120여 미터 낮았던 것을 볼 수 있다.
(아래)빙하기가 절정에 있었던 지난 2만 년부터 지구가 따뜻해지며 빙하가 녹으면서 해수면이 상승하는 모습을 볼 수 있다.

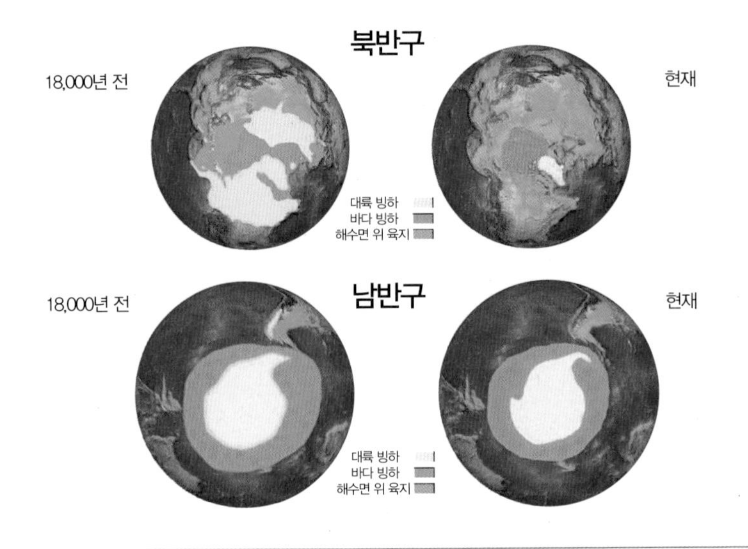

18,000년 전과 현재의 빙하의 범위

의 해수면에 도달한 것을 보여 준다. 우리들이 기억하는 인류 문명이 꽃피기 시작한 시기가 대개 이때쯤이라는 것이 놀랍다. 역사가들은 신석기 시대가 이보다 조금 앞선, 그렇지만 해수면이 오늘날에 꽤 가까이 이르러 있던 약 1만 2,000년 전부터 시작된 것으로 보고 있다.

바로 지금 아름다운 지구

영화를 거꾸로 돌리듯이 판들의 운동을 되돌려 알아낸 지구의 과거 모습을 보면, 지금부터 약 2억 5,000만 년 전(지

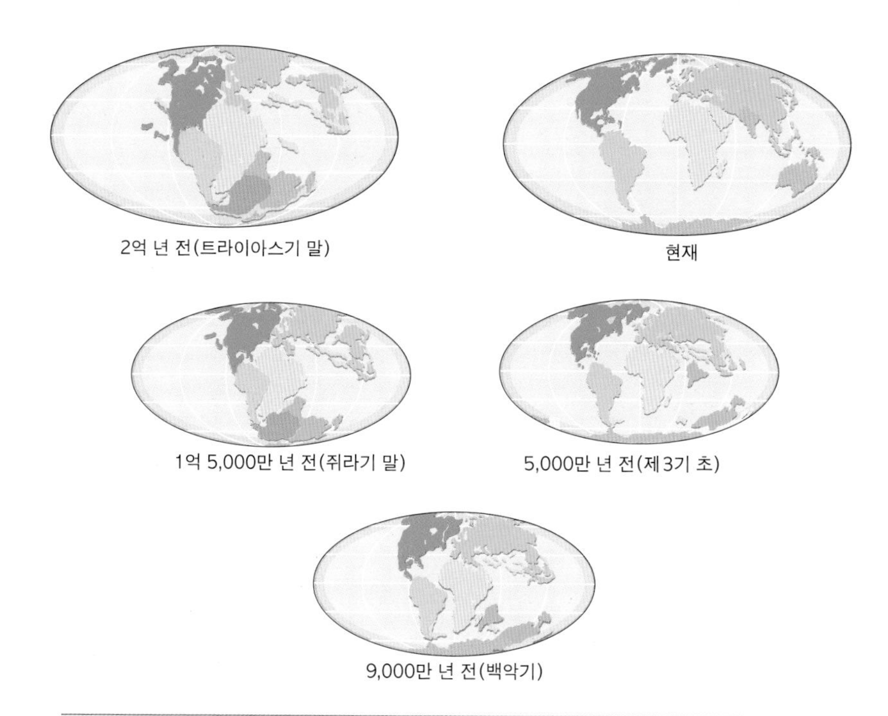

초대륙 "판게아"로부터 시작하여 지난 2억 여 년에 걸쳐 오늘날에 이르기까지 변화해 온 지구의 모습. 현재의 지구 모습이 가장 아름다워 보인다.

구 달력 고생대의 페름기)에 이르러서야 현재 우리가 보는 대륙들이 대개 그 모습을 갖추었다. 당시 이들은 하나로 모여 초대륙을 이루고 있었으며, 1912년 '대륙이동설'을 주장하였던 베게너의 제안대로 '판게아'라는 이름이 붙어 있다. 2억 5,000만 년은 사람의 기준으로 보면 엄청나게 긴 시간이지만, 46억 년 나이의 지구로 보면 마지막 5%밖에 되지 않는 최근이다.

이때부터 판게아가 여러 개의 작은 대륙으로 쪼개지고 이동, 충돌하면서 지구는 모습을 계속 바꾸어 오늘에 이르게 되었다는 것을 알 수 있다. 끊임없이 지구 모습이 변하면서 바다의 흐름이 바뀌고, 공기의 흐름이 바뀌며 오늘의 지구가 만들어졌다. 만약 여러분들이 지구의 과거로 되돌아가서 다시 태어날 수 있다면 어느 시기로 되돌아가 태어나고 싶은가?

2억 여 년 동안 지구가 변해온 모습을 보면 아무래도 지금의 지구 모습이 가장 아름다워 보인다. 지구 46억 년의 역사상 가장 아름다운 모습을 갖춘 후에 우리가 지구에 태어나 살고 있다는 것이 우리들에게 어떤 중요한 의미를 가지는 것은 아닐까? 아름다운 지구를 더욱 아끼고 가꾸고 사랑하며, 우리의 삶을 더욱 열심히 살아야 할 충분한 이유가 있는 것 같다.

추천 도서

『거의 모든 것의 역사』, 빌 브라이슨 지음, 이덕환 옮김. 2003. 까치.
내용들이 밝혀지기 위해 거쳐야 했던 여러 숨은 뒷이야기들을 통해 거의 모든 것의 역사를 살핀 고급 수준의 교양서. 지구와 연계된 많은 내용들이 포함되어 있음.

『잠수정, 바다 비밀의 문을 열다』, 김웅서 · 최영호 지음. 2014. 지성사.
연구용 잠수정 발전의 역사 및 각국에서 현재 진행되고 있는 연구 활동을 소개. 필자를 포함한 여러 한국 탑승자들의 탑승기가 수록된 교양서.

『노벨상과 함께 하는 지구 환경의 이해』, 김경렬 지음. 2008. 자유아카데미.
지구시스템의 여러 모습을 노벨상 수상자의 업적과 연계시켜 일반인을 위해 소개하는 교양서.

「과학과 기술 – 지구 이야기」, 김경렬 지음. 『과학과 기술』 2007~2012 연재. 한국과학기술단체총연합회.

『지구시스템의 이해』 5판, F. Lutgen & E. Tarbuck 지음, 김경렬 등 옮김. 2009. 박학사.
다양한 좋은 그림들이 많이 소개되어 있는 대학교 지구시스템과학 강의용 교과서.

『지중해는 사막이었다.(The Mediterranean Was a Desert: A Voyage of the Glomar Challenger)』, Kenneth J. Hsü. 1983. Princeton University Press.
저자는 지중해가 한때 완전히 말라붙었었음을 처음으로 밝혀낸 DSDP 계획의 책임 연구자로, 당시의 연구 내용을 많은 뒷이야기와 함께 소개한 교양서.

『빙하기(Ice Ages: Solving the Mystery)』, John Imbrie & Katherine Imbrie. 1979. Enslow Publishers.
빙하기가 있었다는 사실이 과학계에 받아들여지기까지 과학자들이 겪어야 했던 여러 이야기들을 통해 오늘날 지구 기후의 가장 중요한 특징의 하나인 빙하기를 소개한 교양서.

『**돌에서 별까지(From STONE to STAR: A View of Modern Geology)**』, Claude Allègre (Deborah Kurmes Van Dam 번역). 1992. Harvard University Press.
세계적 지구화학자가 지질학의 전 분야에 걸쳐 지구를 새로운 각도에서 소개한 전문 교양서.

『**지구의 짧은 역사(A Short History of Planet Earth: Mountains, Mammals, Fire and Ice)**』, J. D. Macdougall, 1996. John Wiley and Sons, Inc.
지구 탄생 이후 지구가 겪어온 과정을 판구조론의 새로운 관점에서 살피며, 당시의 생명의 역사와 연계시켜 잘 설명해주는 교양서.

찾아보기

인명 - 국문

구텐베르크 63
뉴턴 41
데카르트 44
드 라 콩다민 40
라이프니츠 42
레만 63
레뵈르-파슈비츠 58
렌 41
로젠버그 88
루치안 100
마젤란 29
매스켈린 47
매튜스 69
메이슨 47
모호로비치 62
미첼 48
밀란코비치 170
밀른 55
바인 69
밸러드 102
베게너 31
베니오프 94
베른 44
베이컨 30
보일 144
부게 40
불러드 78
뷔퐁 45
소벨 47
암스트롱 100
애거시 167
오르텔리우스 30
올덤 58
와다티 94
왓슨 74
월슨 128
장형 56
제프리스 36
캐번디시 48
케플러 41
콜라돈 72
크레익 7, 109
크릭 74
페센덴 72
프랭클린 52
해리슨 47
핼리 40
헤스 75
홈즈 36
훔볼트 5

인명 – 영문

Agassiz, Louis 167
Armstrong, Neil 100
Bacon, Francis 30
Ballard, Robert 102
Benioff, Hugo 94
Boyle, Robert 144
Bourguer, Pierre 40
Bullard, Edward 78
Cavendish, Henry 48
Colladon, Daniel 72
Comte de Buffon,
Georges–Louis Leclerc 45
Craig, Harmon 7, 109
Crick, Francis 74
Descartes, René 44
de La Condamine,
Charles–Marie de 40
Fessenden, Reginald 72
Franklin, Benjamin 52
Gutenberg, Johannes 63
Halley, Edmund 40
Harrison, John 47
Hess, Harry 75
Holmes, Arthur 36
Humboldt, Alexander von 5
Jeffreys, Harold 36
Kepler, Johannes 41
Lehmann, Inge 63
Leibniz, Gottfried Wihelm 42
Lucian 100
Magellan, Ferdinand 29
Maskeline, Nevil 47
Mason, Charles 47
Mathews, Drummond 69
Michell, John 48
Milanković, Milutin 170
Milne, John 55
Mohorovičić, Andrija 62
Newton, Isaac 41
Oldham, Richard Dixon 58
Ortelius, Abraham 30
Rebeur–Paschwitz, E. von 58
Rosenberg, Ethel 88
Sobel, Dava 47
Verne, Jules 44
Vine, Frederik 69
Wadati, Kiyoo 94
Watson, James 74
Wegener, Alfred Lothar 31
Wilson, Tuzo 128
Wren, Christopher Michael 41
Zhang, Heng(張衡) 56

용어

간빙기 167
갈라파고스 106
거대 대류 136
관성 모멘트 52
광상 113
광합성 106

구석기 시대 167
글로머 챌린저 69
남극순환류 163
내부파 59
내핵 63
노아의 홍수 170
대륙이동설 31
동태평양 해저 산맥 102
마이오세 154
만류 166
맨틀 23, 65
모호 62
몬순 165
밀란코비치 순환 167
발산형 경계 120
베네치아 143
변환단층형 경계 126
불의 고리(Ring of Fire) 118
블랙 스모커 107
비틀림저울 48
빙하기 167
샌안드레아스 126
소금광산 141
소나(SONAR) 20, 72
수렴형 경계 121
스크립스 해양연구소 106
신생대 161
신석기 시대 172
심해저시추사업(DSDP) 81
아보가드로수 48
아프리카 열곡대 120
암석권 23, 92
암염돔 151
압축파 66
앨빈 102
얼룩말 자기 줄무늬 76
역전 자기 77
연약권 23, 92
열점 128
염정 149
외핵 65, 135
운석 충돌 161
원지지진 56
우즈홀 해양연구소(WHOI) 102
음속 72
잠수정 102
전단파 66
전지구표준지진관측망(WWSSN) 21
정밀측심기록계(PDR) 20, 73
정상 자기 77
중력상수 47
중생대 159
지각 23, 65
지브롤터 해협 151
지진계 58
지진파 59, 90
지진파단층촬영법 129
지진학 53
컨베이어벨트 75, 163
타이타닉 호 20, 70
탄성파 탐사 149
탐험의 시대(Age of Exploration) 5, 29
테티스 해 125, 162
티베트 고원 163

파나마지협 166
판게아 31, 158
표면파 59
표석(boulder) 167
프린키피아 42
플라이스토세 167
플룸이론 134
해구 24, 73
해수면 172
해저 산맥 93
해저 온천 99
해저확장설 79
핵실험, 지하 89
핵실험, 대기권 88
현무암, 베개 모양 104
화학합성 107
히말라야 산맥 125, 163
D"층 136
FAMOUS 104
GPS 24
JOIDES 81
LTBT 87
P(primary) 파 59
S(secondary) 파 59
TTBT 89

판구조론

아름다운 지구를 보는 새로운 눈

1판 1쇄 찍음 | 2015년 4월 1일
1판 1쇄 펴냄 | 2015년 4월 10일

지은이 | 김경렬
발행인 | 김병준
발행처 | 생각의힘

등록 | 2011. 10. 27. 제406-2011-000127호
주소 | 경기도 파주시 회동길 37-42 파주출판도시
전화 | 070-7096-1331
홈페이지 | www.tpbook.co.kr
티스토리 | tpbook.tistory.com

공급처 | 자유아카데미
전화 | 031-955-1321
팩스 | 031-955-1322
홈페이지 | www.freeaca.com

ISBN 979-11-85585-13-0 03450